豌豆✕遺傳學✕基因
孟德爾

Mendel

目錄

營養均衡的科學素養漫畫餐

文／吳俊輝（臺灣大學副國際長、物理系暨天文物理所教授）

這是一部很有意思的創意套書，但很遺憾的在我那個年代並不存在。

我小時候看過不少漫畫書、故事書和勵志書，那是在閱讀課本之餘的一種舒放與解脫，然而這部套書則是一個綜合體，巧妙的將生硬的課本內容與漫畫書、故事書、及勵志書等融合在一起，讓讀者像是被煮青蛙一般，不知不覺的被科學洗腦，被深深的植入科學素養及人生毅力的種子。

這部套書聚焦在六位劃時代的科學家身上，他們六人各自所處的年代，依上述順序像是接力賽一般，巧妙的串起了人類科學史上的黃金三百年，當年的成果早已深深的潛移入我們當今仍在使用的許多科學原理中，而這些突破絕非偶然。

針對每位科學家，這部書都先從引人入勝的漫畫形式切入，若從專業的角度來看，科學界的前輩們或許會覺得漫畫中的許多情節恐怕難脫冗餘之名，但是若去除掉這些潤滑劑，它就會像是沒有開胃菜、配菜、佐料、甜點及水果的牛排餐，只有單單一塊沒有調味的牛排，想直接塞入學童們的口中，而我們的教科書經常就像是這樣，以為這才是最有效率的營養提供方式。臺灣的許多科學教科書，甚至更像是營養膠囊，沒有飲食的樂趣，難怪大多數人都會覺得自然學科很生澀，在離開學校後很怕再接觸到它。一般的科普書也大多像是單點的餐食，而這部書則是一套全餐，不但吃起來有

4

情調，那些看似點綴用的配菜，其實更暗藏有均衡營養及幫助消化的功能。

這部書除了漫畫的形式之外，還搭配有「閃問記者會」、「讚讚劇場」及「祕辛報報」等單元。「閃問記者會」是利用模擬記者會的方式，重現巨擘們的風采，一一釐清各式不限於科學範疇的有趣問題。「讚讚劇場」則是由巨擘們所主演的劇集，真人真事，重現了當年的時代背景，成功絕非偶然。「祕辛報報」則像是武林擂台兼練功房，從旁觀的角度來檢視巨擘們所主張之各種學說的歷史及科學地位，有攻有防，還提供了武林盟主們的武功祕笈，讓讀者們能在短時間內學上一招半式，以便於日後開創自己的成功人生。

科學其實和文學一樣，學說的演進和突破都有其推波助瀾的時代背景，但學校中的課本或一般的科普書則大多只告訴我們英雄們總共成功的攻頂過哪幾座艱困的山，以及這些山群們有多神奇，卻顯少著墨在英雄們爬山前的準備、曾經失敗的登山經驗、以及行山過程中的成敗軼事。少了這些東西，我們永遠學不會爬一座山，而這些東西其實就是科學素養的化身，只懂科學知識而沒有素養，我們充其量只不過是一隻訓練有素的狗，玩不出新把戲也無法克服新的挑戰，這是我們在二十一世紀知識爆炸的年代中所要面臨的嚴峻挑戰。這部書在漫畫中、在記者會中、在劇場中、在祕辛室中，都再再提點並闡釋了這個素養精神，清楚的交待了每一個成功事跡背後的脈絡，以及事前所付出的無數失敗代價，這對習慣吃速食的現代文明人而言，像是一頓營養均衡的滿漢大餐，雖說不是每個人的任務都是要去攻頂奇山，但無可諱言的，我們都生活在同一個山林中，就算不攻頂也仍須在人生中劈山荊、斬山棘！就讓我們一起填飽肚子上路吧！

5

角色介紹

仁 傑

國一男生，為了完成暑假作業而參與老師的時光體驗計劃，被老師稱為超科少年。但神經大條，經常惹出麻煩，有時卻因為他惹的麻煩而誤打誤撞完成作業題目。

孟德爾

奧地利遺傳學家，因為對於生物遺傳有著開創性的研究，而被稱為遺傳學之父。他生長在貧困的農家，但是卻一心想讀書，最後因為沒錢升學而踏入修道院當修士。沒想到這陰錯陽差的安排卻讓孟德爾有得吃住，還可以讀書上大學，做豌豆研究。只可惜當時沒有人理解他的研究成果，直到去世後16年才重新被三位科學家發掘。

老師

非常熱中科學實驗，為了讓自己做的時光體驗機更完美，以暑假作業為由引誘仁傑與亞琦試用，卻意外引發他們的學習興趣。

亞琦

國一女生，受到仁傑的拖累而一起參與老師的時光體驗計劃，莫名其妙成為超科少年的一員。個性容易緊張，但學科知識非常豐富，常常需要幫仁傑捅的簍子收拾殘局。

小颯

超科少年的一員（咦？）。會講話的飛鼠，是老師自稱新發現的飛鼠品種，當作寵物豢養。偶爾會拿出一些老師做的道具，在關鍵時刻替其他人解圍。

第一課
與植物結下
不解之緣

怎麼了，幹嘛一直看？

怎麼會有這麼漂亮的大姐姐來學校？

那個是老師的妹妹啊。

是啊，來找老師的吧。

什麼！真的嗎？

太奇怪了，跟去看看。

教職員室

嗯⋯

不敢相信，老師竟然有這麼漂亮的妹妹。

兩個人還有說有笑，應該是真的吧。

老師個性明明很糟，長相感覺也不像。

真的是老師的妹妹嗎？

為什麼你要懷疑？

也許是遺傳到不同基因吧。

這裡是奧匈帝國裡的某個小村

還是要想辦法完成作業，我先看一下…

上面有水果耶！

小颯，幫我拔幾顆。

看來這次的作業題目是…

第一題：觀察孟德爾如何覺醒
第二題：孟德爾為什麼成為神父不成為教師？
第三題：孟德爾主要研究物為何選擇豌豆？
第四題：孟德爾如何利用研究回饋社會？

你們不要亂吃啦！

都從樹上掉下來，不吃也會爛掉。

亞琦要吃嗎？

這水果真好吃。

你們兩個在幹嘛？

哇啊啊，有蜜蜂。

17

好…好厲害。

呼～總算完成，我把全部枝條都接到同一棵樹上。

沒想到孟德爾一下子就快接完了。

不過仁傑好像沒有進展。

我也完成一棵喔！

仁傑

孟德爾

這樣就可以不用接那麼多樹，還可以一次採收完所有水果。

哈哈哈哈

那可不一定。

接的密度太高，養分反而沒辦法送到每個枝條上，長出來的水果可能還會變差啊。

你還是不要偷吃步。

什麼！

叮嚀！！

那是…？

這和接枝的原理一樣！挑選生長好、味道好的水果枝條，接在根系旺盛的枝條上，結合雙方優點，使根系強壯，又可以長出口味好的水果。

原來是這樣。

總之感謝你們，我把羊群帶回去了。

再見。

神父再見。

啊哈哈哈⋯

謝謝你救了果園。

太好了，幸好果園沒有被破壞太嚴重。

小事、小事

仁傑應該只是為了保護自己的果樹吧⋯

我會幫你好好照顧你的這棵樹。

真的嗎？那我以後再來採收水果。

沒問題！

那我的樹勒？

小颯你的就算了吧。

就只想著吃

嘿嘿～過了這麼久，我的樹應該可以結出果實了。

1842年
海茵岑多夫

奇怪，怎麼覺得果園變小了。

真的耶！

原來是哥哥的朋友，請進。

妹妹也長這麼大了呢！

你們是？

我們來找孟德爾的。

你們別靠近他以免被傳染懶惰病。

我才不是！

？

不是的話，幹嘛整天賴在床上，什麼事都不做。

孟德爾…到底怎麼了？

因為…

這個…

爸爸在幾年前被倒下的果樹壓傷，只靠我們這幾個小孩，沒辦法維持果園收入。

哥哥也因為付不出學費休學，現在又生病躺在床上。

可是哥哥也說不出自己為什麼生病。所以姊姊一直認為他在裝病不想工作。

可以的話，也幫忙勸一下哥哥。

拜託你們了！

……

這個…

喂！孟德爾，我好不容易過來採水果。

沒想到你現在懶成這樣，該不會我那顆果樹已經不在了吧！

咦！

你說你種的樹嗎？

其實它把爸爸壓傷後就被砍掉了。

原來就是你這傢伙

那個…

原來樹是他種的啊！

不過我也覺得很抱歉，那棵樹其實長得很好。但後來發現有些枝條長得不太一樣。

所以也開始在那樹上做各種實驗，想說應該可以發現什麼有趣的結果。

但沒想到最後重心不穩倒下還壓傷我爸爸。

原本只是想做些實驗的。

沒想到最後會是這樣…

原來是這樣啊。

?

爸爸，你怎麼不躺著休息？

放心，我還能走。

是的…

不過看你的實驗，好像找不到方向，是不是遇到什麼困難了？

我看到你在那棵樹上做各種接枝實驗，也蠻有趣的。

不過我也沒想到樹就突然倒下來。

謝謝你們！

別哭啦，回去後，別讓我們失望喔。

咦？

孟德爾如何覺醒
德爾為什麼成為神父不成為教
德爾主要研究物為何選擇豌豆
德爾如何利用研究回饋社會

登登登

第二課：
前進修道院

1849年
布諾恩

這裡是…教會。

這裡是布諾恩的聖湯瑪斯修道院，看來離孟德爾的家有些距離。

這裡還有菜園！

那個請不要隨便進入菜園喔。

除了你們剛看到的菜園，這裡還有很大的圖書室喔，

甚至還有溫室。

雖然是天主教修道院，但這裡就像小型的研究中心。

還有更有趣的東西，跟我來吧。

42

哇!

這裡還有蒸餾室，所以製作葡萄酒也不是問題。

想到之前碰到伽利略的時候，跟現在完全不一樣。

咦？碰過伽利略？

不不不，我不行喝酒。

要來喝一點嗎？

所以這裡雖然是修道院，也像是一間迷你型大學，我也可以繼續在這邊做研究。

啊，不是啦。我們只是剛好讀過他的故事。

你們在這裡做什麼？

我親親親親愛的兄弟，

我我我願你凡凡凡凡凡事興盛。

身身身身身體健壯壯壯壯壯。

正如你你你你你的靈靈靈靈靈魂興盛一樣。

這位修士，你還好嗎？

感覺你病情比我還嚴重。

對…對不起。

哇！怎麼跑掉了。

孟德爾你怎麼了？為什麼這麼緊張的樣子？

呼

呼

沒事了，我們換去國中上課吧。

現在還好嗎？我看你臉色還是很蒼白。

只要一去探病就開始緊張…

抱歉，我不知道自己怎麼了？

城裡中學

同學好，我是代課老師孟德爾。

我會帶著各位學習接下來的課程。

你們也可以叫我格雷哥！

修道院

太厲害了，你竟然這麼會教學生，上課好有趣。

咦？真的嗎？

我只是盡力上課而已。

大概跟我喜歡教課有關吧。

表情跟探視病人完全不一樣。

不過在修道院，有沒有辦法兼任老師？

那也是沒辦法，正式教師要先通過國家考試，不然只能代課。

雖然是有想過去考試。

但現在連連探視病人的工作都做得零零落落……

我怕連考試都過不了……

如果覺得自己比較喜歡當老師，那你就去吧。

你去代課的國中，有跟我說希望你能常常去教。

加上我聽到一些傳聞，你去探視病人的狀況，不是很好。

納卜院長…

我努力維持現在修道院的研究風氣，有人能把研究成果，推廣出去也不是壞事。

如果你想要去考，我也會贊成。

……

50

謝…謝謝院長！

那…我要來準備考試了。

我可以教你一些小抄技巧喔。

1850年
布諾恩火車站

總算要去維也納大學面試，心情還有點緊張。

好多人喔。

因為這裡是布諾恩第一個火車站啊。

說很緊張，看你好像很興奮。

咦？孟德爾你沒搭過火車啊？

是啊，因為很少搭。

都在準備考試和教書，很少有機會出遠門。

你們常常搭火車嗎？

我是常搭捷…

那個…應該是說我們住的地方早就有鐵路了。

是嗎？真羨慕，該上車囉。

想想也令人興奮，不知不覺鐵路也慢慢通行到全歐洲。

大家慢慢吃吧，到維也納還有一些時間。

感覺有種偉大的革命要開始了。

身在這個時代，真是非常幸福。

我搞砸了。

怎麼了，發生什麼事嗎？

面試一開始考試委員就問了一堆超難的問題。

還有委員說我用的名詞，都不是科學名詞，會誤導學生。

總之，應該是沒有希望了。

喔～你是剛才的考生嗎？怎麼還在這裡。

？

面試的壓力很大吧！

不過這是正常的。

考官恩格教授

雖然你很有衝勁和熱情，不過還是要有深厚的學術底子。

我想你若是能再多讀點書，應該還是有機會的。

總之，期待下次還能看到你。

意思是這次面試沒希望了吧。

看來是這樣。

不⋯還有機會！

第三課：
豌豆實驗

咦～是你們。

好久不見。

是啊，聽說孟德爾你後來又沒考上教師資格，有點擔心你。

感覺這裡的書又更多了。

沒事啦，我還在修道院繼續研究偶爾做做代課老師教書這樣子也不錯啊。

喔喔，這本書不是…

達爾文的物種起源？

ON THE ORIGIN OF SPECIES

真的耶！

原來現在還是氣象專家。

那個是氣壓計，是觀察天氣時的重要儀器。

稱不上啦，只是定期記錄。

剛才孟德爾看的是什麼東西？

好像時鐘喔。

雖然離開維也納大學回到修道院。不過我每天還是會記錄氣壓和溫度。

然後回報給維也納。

感覺比以前更忙了。

?

喔喔喔，溫室裡多了好多奇怪的東西。

仁傑？

吃多一點沒關係。下午還要去代課。

旁邊的蜂蜜也可以塗在麵包上喔。

咦！蜂蜜不是很珍貴嗎？

不，這是修道院特產。

咦咦？

為了研究蜜蜂，我們在修道院後山設了幾個養蜂箱。

除了用來觀察研究外，也生產很多好吃的蜂蜜。

70

蜂蜜麵包真不錯。

這也可以做研究啊。

是啊,利用蜜蜂交配觀察。

?

為什麼那兩碗豌豆的形狀不一樣?

真的耶。有一碗的豌豆外表皺皺的。

啊,那也是我做實驗觀察的產物,想說分開來煮比較好。

是什麼樣的觀察呢?

這個嘛…說來話長。

大家都知道像畜牧業的動物與植物的繁殖，會特別挑出長得比較好的來繁殖下一代。

這樣前一代的性狀特徵就會遺傳到下一代。不過這種作法也不是每次都管用。

我認為中間的規律還沒有找出來，所以我利用豌豆來做實驗。

豌豆花的花蕊都被花瓣包起來，不會受到風雨昆蟲的干擾，就可以保證下一代的純潔性。

在我不斷種植了兩年後，就挑出了性狀特徵穩定的幾個品種來做實驗。

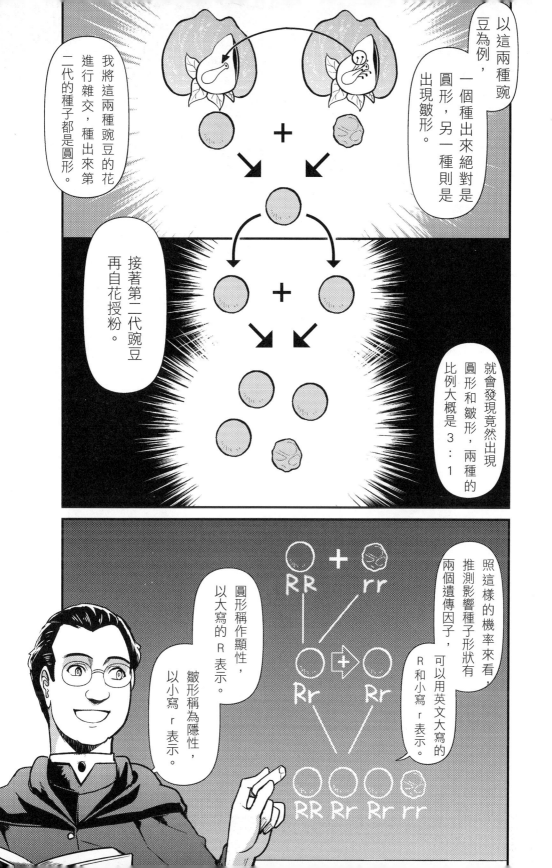

……

大家都睡成一片了。

果然這些東西對同學來說是有點難啊。

？

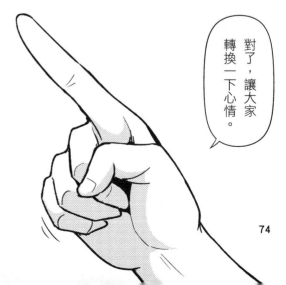

對了，讓大家轉換一下心情。

我帶大家去校外教學吧。

74

哼!臭猴子,原來是想吃香蕉。

什麼?

看來是想用你頭上的香蕉交換。

拿去,給你兩根!

還想討價還價,有夠欠揍的。

仁傑你就給牠啦。

好喔!全部都可以給你⋯

不過那些猴子真壞，可惡！

啊哈哈⋯

修道院

剛才真是謝謝你們了。

哈哈，給那些猴子一個教訓。

說到猴子⋯你們應該知道現在報紙上，都是達爾文的消息吧。

啊，難道是指物種起源的事嗎？

不過看剛才那幾隻猴子，好像也是有可能喔。

哈哈，或許是喔。

是啊，物種起源實在是了不起的書。

但人類與猴子都來自同一個祖先，這個說法確實讓人很難相信。

82

現代學校

為什麼？後來沒有人讀過孟德爾的論文。

是啊，孟德爾是有寄給許多學者，不過大部分都沒有回應。

怎麼這樣，我們好不容易…

除了寄出論文，他還有參加幾次的演講，發表自己的研究。

不過聽眾大多對他的數字分析和數據，一點興趣都沒有。

不過你們應該也從豌豆，瞭解到基本的遺傳概念了吧。

嗯，孟德爾發明的，三色菜是對吧！

那跟孟德爾沒關係吧？

第四課：重建果園

不行！

就算你想幫孟德爾也不能這麼做！

笨蛋！如果過度干預這些學者的話…

會造成時光體驗機錯亂作業也會無法完成啊！

你管我，反正我會把作業完成啦！

咦？小颯也跑來了？

竟然不説一聲就跑進時光體驗機。

咦？真的嗎？

真要完成作業就乖乖觀察就好。

要是過度干預的話，我們也會回不去。

原來是這樣啊…

總之仁傑你安份點啦。

原來孟德爾成為院長啦！

納卜院長呢？

納卜院長在三年前過世了。

後來我就被選為新的院長了。

這樣啊…

雖然我現在成為院長，

這間溫室也是納卜院長留下的成果。

但回憶起來也是因為納卜院長的力挺，才有現在的我。

對了，先前你說豌豆的論文，後來完成了嗎？

你還說要寄給其它學會和科學家的…

其實現在對豌豆沒有那麼感興趣了。

研究豌豆好幾年了後來都覺得有些無聊了。

那個啊…

加上現在是院長了，才發現要花更多心力處理行政問題。

豌豆什麼的，還是先不管好了。

是嗎？

？

走，一起吃飯吧。

太好了，看來龍捲風沒掃到這邊！

啊，對了！原來是在這邊啊。

記得你們先前吃的蜂蜜嗎？這是養蜂箱呀。

這個是…？

……

也沒辦法帶修道院特產回去呢。

也沒辦法研究了呢。

幸好，要是被捲走就沒有蜂蜜可以吃呢。

1872年
修道院

嘿嘿,現在來應該有很多蜂蜜可以吃!

咦?怎麼感覺好多人。

今天教堂有活動嗎?

大家好像都往後山去了。

可惡,竟然出現這麼多搶蜂蜜的對手!

超科少年5

—— 豌豆╳遺傳學╳基因 ——

孟德爾

Mendel

漫畫科普系列 005

超科少年
Mendel
孟德爾

漫畫創作｜好面、馮昊　監修｜彭傑
插畫｜徐世賢
整理撰文｜楊仕音、親子天下
責任編輯｜呂育修
美術設計｜我我設計工作室
責任行銷｜劉盈萱

友普文創
Friendly Land

天下雜誌群創辦人｜殷允芃
董事長兼執行長｜何琦瑜
媒體暨產品事業群
總經理｜游玉雪
副總經理｜林彥傑
總編輯｜林欣靜
行銷總監｜林育菁
版權主任｜何晨瑋、黃微真

出版者｜親子天下股份有限公司
地址｜台北市 104 建國北路一段 96 號 4 樓
電話｜（02）2509-2800　傳真｜（02）2509-2462
網址｜ www.parenting.com.tw
讀者服務專線｜（02）2662-0332　週一～週五：09:00~17:30
讀者服務傳真｜（02）2662-6048　客服信箱｜ bill@cw.com.tw
法律顧問｜台英國際商務法律事務所‧羅明通律師
製版印刷｜中原造像股份有限公司
總經銷｜大和圖書有限公司　電話：（02）8990-2588

出版日期｜2017 年 2 月第一版第一次印行
　　　　　2023 年 10 月第一版第十二次印行
定價｜350 元
書號｜ BKKKC059P
ISBN｜ 978-986-94215-5-3 （平裝）

訂購服務
親子天下 Shopping｜ shopping.parenting.com.tw
海外‧大量訂購｜ parenting@cw.com.tw
書香花園｜台北市建國北路二段 6 巷 11 號　電話（02）2506-1635
劃撥帳號｜ 50331356 親子天下股份有限公司

國家圖書館出版品預行編目 (CIP) 資料

超科少年 : 孟德爾 / 好面, 馮昊, 彭傑漫
畫創作. -- 第一版. -- 臺北市 : 親子天下, 2017.02
184 面 ; 17×23 公分. -- (漫畫科普系列)
ISBN 978-986-94215-5-3(平裝)

1.孟德爾(Mendel, Gregor, 1822-1884) 2.科學家 3.傳記 4.漫畫

308.9　　　　106000296

立即購買 >

提醒：課程學習標籤僅供參考，以學校或教科書實際教學進度為準。

漫迷 vs. 科普知識讀本

文／鄭國威（泛科學網站總編輯）

　　總有一種文本呈現方式可以把一個人完全勾住，有的人是電影，有的人是小說，而對我來說則是漫畫。不過這一點也不稀奇，跟我一樣愛看漫畫成痴的人，全世界至少也有個幾億人吧，所以用主流娛樂來稱呼漫畫一點也不為過。正在看這篇推薦文的你，想必也是漫畫熱愛者！

　　漫畫，特別是受日本漫畫影響甚深的臺灣，對這種文本的普及接觸已經超過30年，現在年齡35-45歲的社會中堅，許多都經歷過日漫黃金時代，對漫畫的魅力非常了解，這群人如今或許也為人父母，就跟我一樣。你現在會看到這篇推薦文，要不是你是爸媽本人（XD），不然就是爸媽或長輩買了這本書給你吧。你可能也知道，針對小學階段的科學漫畫其實很多，在超商都會看見，不過都是從韓國代理翻譯進來的，臺灣自己的作品就如同整體漫畫市場一樣，非常稀缺。親子天下策劃這系列《超科少年》，我想也是有感於不能繼續缺席吧。

　　《超科少年》系列第一波主打包括牛頓、達爾文、法拉第、伽利略等四位，每一位的生平故事跟科學成就都很精彩且重要，推出後也深獲臺灣讀者支持。第二波則推出孟德爾與居禮夫人，趣味跟流暢度我認為更高了。不過既然針對學生階段讀者，用漫畫的形式來說故事，那就讓我這個資深漫迷 X 科學網站總編輯先來給你三個建議：

　　第一、所有嘗試轉譯與普及科學知識的努力必然都會撞上「不夠嚴謹之牆」。

身為科學傳播從業人士，我每天都在想該如何在科學知識嚴謹性，趣味性跟速度感之間取得平衡，簡單來說就是一直在撞牆啦！儘管如此，我們最歡迎的就是挑剔的讀者了，所以儘管漫畫很好看，但我希望你一定要挑剔，把你不太明白或有疑惑的地方都列出來，問老師、上網、到圖書館，或寫Email給編輯部，把問題搞得水落石出喔！

第二、科學人物史是科學與人文的結合，而儘管《超科少年》系列介紹的科學家都是超傳奇人物，故事早已傳頌，但要記得歷史記載的都只是一部分面向。另外，這些人之所以重要，當然是因為他們提出的科學發現跟見解，如果有空，就全家一起去自然科學博物館或科學教育館逛逛，可以與書中的內容相互印證，會更有趣！

第三、從漫迷的角度來看，《超科少年》的畫技成熟，明顯的日式畫風對臺灣讀者應該很好接受。書中男女主角的性格稍微典型了些，例如男生愛玩負責吐槽，女生認真時常被虧，身為讀者可以試著跳脫這些設定，不用被局限。

我衷心期盼《超科少年》系列能夠獲得眾多年輕讀者的喜愛與指教，也希望親子天下能夠持續與國內漫畫家、科學人、科學傳播專業者合作，打造更多更精彩的知識漫畫。於公，可以替科學傳播領域打好根基；於私，我的女兒跟我也多了可以一起讀的好書。

CHAPTER

1

閃問記者會

JOHANN MENDEL

10 個閃問穿越記者會

各位書上的來賓大家好，歡迎來到「10 個閃問穿越記者會」，我是主持人豌豆哥哥。今天邀請到人稱遺傳學之父──孟德爾，他可是號稱世界上最懂豌豆、也最愛豌豆的人！不過聽說他有嚴重的考試焦慮症，大家的問題可別太犀利，以免他腦羞逃跑。現在就讓我們歡迎今天的來賓，**孟德爾老師！**

OPEN

在解答大家的疑問之前，我想先挑戰孟德爾先生，看你是不是配得上豌豆達人的封號？請問我的豌豆是什麼顏色？

這個問題太弱了。你的豌豆當然是黃色！

什麼！竟然猜對我的內在了（羞）。果然是豌豆達人。不過向老師報告一下，現在很多小朋友都很挑食，不喜歡吃豌豆了，而且還有網路票選說，有豌豆的三色菜是最糟糕的便當配菜。

唉唉，沒想到豌豆竟然過時。想當年，豌豆可說是明星般的存在，好種又好吃。他們一定沒有吃過我種的豌豆，這些可愛的小豌豆們可是修道院的名菜之一呢！不過你是黃色的，那是不是就變成兩色菜啊，哈哈。

咳咳～這個不好笑（尷尬）。我們還是回到主題好了，大家都很好奇，其實你小時候非常不喜歡幫

家裡種田、照顧果樹，只想著趕快回到學校讀書。結果後來竟然選擇豌豆做實驗，是不是覺得命運真的捉弄人呢？

這個問題真的很好，只能說小孩子不太會想，那時候爸爸受傷沒辦法種田，自己還很任性的躲在房間裡當米蟲。可是我就很想讀書啊，不想一輩子當農夫，還好媽媽和小妹很支持自己，小妹還拿嫁妝贊助我，嗚嗚。還好，爸爸也諒解我。不過真的是沒想到後來會跑去種豌豆，還好有農藝的經驗，加上讀書學到的知識，才有今天的成就，所以剛開始真的不要太早拒絕，太鐵齒。

沒錯，老師說得真好，誰都無法預知未來，放開心胸、多學學，搞不好以後也有意外的收穫。說到意外，你後來進入修道院是不是也很意外呢？

這個意外真是太棒了，雖然是因為家裡沒錢，才勉強進入修道院。沒想到法蘭茲老師竟然幫我找到一個又可以讀書、又有免費吃住的地方，真是太棒了。而且沒想到修道院院長納卜竟然成為我這輩子的大恩人。法蘭茲老師，謝謝你（揮手）。

原來有這麼好康的事啊！而且聽說納卜院長不僅供你吃住，還供你讀大學。

沒錯，我可是院長的愛將呢！他體諒我看到病患會昏倒，反而鼓勵我教書。而且考不上教師證，也沒有罵我笨，反而鼓勵我深造，資助我讀大學，簡直就是好人一枚啊。

說到考教師，聽說你考了兩次都沒上，最後只能當個無照代課老師，可以跟我們分享一下經驗嗎？

這個説來真是丟臉，考了兩次都沒有考上，只能説輸給自己。第一次是自己沒有準備好，太有自信了，以為書已經讀得夠多，其實我那時連大學都沒有讀過。第二次是自己考試焦慮症發作，連口試都沒去，就躲回修道院，還生了場大病。哎，小朋友可不要學我啊。

老師太客氣了，至少你有努力過。況且你「考不上」可說是全人類的福氣啊，就是你「考不上」，所以才有時間回修道院種豌豆，「考不上」也不是什麼大不了的事，你說對吧，「考不上」。喔不對，是孟德爾老師。

哇，不要再説了，我要崩潰了（抱頭）。冷靜，冷靜。不過我後來奮發向上，再加上納卜院長鼓勵我繼續讀書，後來就進入維也納大學。連超有名的克卜勒教授也很喜歡我，破例讓我當他的物理學助教。後來我苦讀物理學和數學，甚至還遇到我的恩師——恩格教授，就是教授讓我認識當時最棒的植物雜交研究和一輩子的情人——豌豆。

老師，你果然很有毅力，能夠不斷的從挫折中爬起。你知道你後來在豌豆上所發現遺傳學定律，那可真是驚人的發現呢！不曉得你有什麼祕訣？

別這麼説啦，我只是想要知道為什麼會這樣而已。而祕訣在於數學和邏輯，這都歸功於我大學所接受的數學訓練，我才有辦法找出這些背後的規律，不過也很幸運，豌豆實在是個很棒的研究對象，才讓我實驗一直那麼順利。不像那個內格里教授給我的山柳菊，我怎麼做都做不出來，到底是發生什麼事呢（搔頭）？

老師，其實你是被他騙了（小聲）。山柳菊可以不靠授粉就繁殖出下一代，所以你的定律都沒辦

法用。都沒有人跟你說喔。

當愣，什麼！可惡的教授，虧我還這麼尊敬他，連恩師也很敬佩。害我還懷疑豌豆實驗是不是做錯了？天啊。好啦，其實我也沒有什麼好抱怨，畢竟當時根本沒有人理我的實驗，只有他勉強寫信給我。對了，我還有寄給達爾文，聽說你們有採訪過他，他有說什麼嗎？

報告老師，他沒有任何意見。因為我們後來發現你的論文被擺在他書櫃裡的最邊邊，連信封都沒有拆過。老師、老師，醒醒啊，別昏倒了。

算了，算了。我要回修道院了，我現在是院長，回去還要寫信跟政府抗議亂加稅。

等等啊老師。其實後來還是有人發現你的成就，而且還是三個

人喔，你的事業可是又有第二春。

什麼（轉頭），是哪幾位啊？我可要好好感謝他們。

恩～老師，你可能都不認識啦，因為要等到 40 年後，才有人發現。

....

呃，因為老師生氣走了，所以我替孟德爾老師謝謝大家，若是大家還有疑問，不妨仔細找找這本書，一定可以解答你的疑問喔！再次感謝遺傳學之父──孟德爾。閃問穿越記者會，我們下次見！

CHAPTER

2

讚讚劇場

JOHANN MENDEL

奧匈帝國的百姓貴族

OPEN

百姓中的貴族

你有聽過一本日本漫畫叫作《百姓貴族》嗎？內容描述漫畫家荒川弘在成為漫畫家之前，在北海道老家的農家生活。而「百姓貴族」其實不是真正的貴族，而是農民對自己「不工作，就沒飯吃」、勞動後好歹可以吃到自己家出產新鮮食材的自嘲。而我們的主人翁——孟德爾（Johann Mendel）就是奧匈帝國時代的百姓貴族。換句話說，他是不折不扣的農家子弟。

孟德爾的父親安東·孟德爾年輕時原本是位軍人，為奧匈帝國效命，對抗拿破崙稱霸歐洲的野心。安東的家鄉位於莫拉維亞省的海因岑多夫（現在位於捷克，已改名為海恩塞斯 Hynčice）。儘管海因岑多夫是一座小到連地圖上都非常難

▲ 拿破崙率領法軍擊敗當時歐洲五強之一的奧匈帝國，還迫使奧匈帝國割讓國土和賠款。

▲ 孟德爾的出生老家

▲ 孟德爾老家遺留下的田地與果樹。其實他並不甘願一輩子當農夫。

找到的村落，但是位處蘇台德山脈的山谷、地形特殊，又是德國和波蘭的交界，因此在歷史上，多次淪為領土爭奪的戰火區。當時，拿破崙就曾在這一帶親自領軍，打過一場轟轟烈烈的戰役；而安東所屬的奧匈帝國軍隊吃了大敗仗，最後只能臣服於拿破崙大軍。

安東面對國家戰敗，只能拋棄軍人的身分回到老家，繼承農地。孟德爾就是在這樣的環境下，於 1822 年 7 月 20 日，誕生在「百姓貴族」之家。這個百姓貴族之家的成員，除了爸爸、媽媽羅西納和孟德爾之外，還有兩個女孩——大姊名叫薇若尼卡，而特雷西亞則是

他妹妹。孟德爾小時候和性格嚴肅的姊姊總是不合，而喜歡與小他七歲、個頭嬌小又溫柔可愛的妹妹玩在一起。但由於他是家中的長子兼獨子，很快的，無憂無慮的童年生活正式宣告結束。他像尋常的農家子弟一樣，自從懂事以來，便成為爸爸農田裡的小幫手。

俺不是種田的

農人每天永遠有做不完的事：從播種、犁田、照料果園到養蜂。小孟德爾盯著爸爸辛勤勞動的背影，心中想的不是要努力幫忙，而是忍不住抱怨：「難道出生在這裡，除了一輩子種田，再也沒有其他的

選擇了嗎？」那個年代，東歐各個小村落幾乎都沒有學校。幸運的是，孟德爾家鄉當地，有位公爵十分關心農家子弟的受教權，進而熱心的創辦了一所學校──海因岑多夫中小學。海因岑多夫中小學的校訓是：「無論金錢或資產，有朝一日都可能會被人所奪；而學問和知識卻將永遠屬於自己。」

農忙之餘，獲准進入小學就讀的孟德爾，簡直來到了天堂。此時的他雖然還不確定「未來」將引領他往哪一個方向前進，但在讀過古騰堡印刷術的發明史後，他內心雀躍的寫下一小段詩句，由衷讚嘆到：「神奇的命運，懇請您保佑我！讓我能夠獲得人間至福，讓死後的我仍得以見到，我的思想繼續流傳，且於後世永垂不朽。」當他興奮的朗讀、分享給家人聽時，媽媽和妹妹為他的才華鼓掌叫好。可是，另一方面，一心盼望獨子繼承家業的

神奇的嫁接

　　嫁接是一種歷史悠久的植物繁殖技術，主要是將植物的一部分直接接在另一個植物上，像是將蘋果樹的小樹枝削尖，直接插入桃樹的樹幹上，透過桃樹供給蘋果樹枝養分。這種技術的優點是可以縮短果樹的生長時間，還有融合另外一種植物的優點。

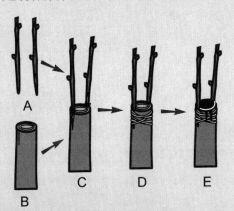

▲ 嫁接的主要步驟：A 將樹枝削尖；B 另一棵樹樹幹切出凹槽；C 樹枝插入樹幹的凹槽；DE 固定並且覆蓋完全。

▲ 蘋果樹枝嫁接在另外一棵樹上

父親，臉上卻是三條線，而孟德爾的姊姊更是毫不客氣的狠狠瞪了孟德爾一眼，直接警告說別忘了他命中註定種田。

還好，學校為了配合農家子弟的需求，在傳授書本上知識之餘，也專門聘請老師教導學生果樹栽植、嫁接等相關實用技能。孟德爾在此學會以熟練的方法，從果實結得好的樹上，取下一截樹枝，並插接另一株結果能力、果實品質較差，但適應天候且樹根強韌的樹上。他迫不及待的發揮實驗精神，將所學應用在自家果園，使得父親一手打理的果樹不僅變得更為強壯，而且果實還是超好吃。於是，識時務的孟爸爸暫時放下心中的大石頭，不再反對他繼續上學。

Opava (gymnasium).

▲ 奧帕維預科中學

死孩子，你就給我回來種田

1833 年，教導過孟德爾的老師認為天資聰穎的他，不繼續升學實在太可惜，因此寫了推薦函，送他到離家 25 公里左右的利普尼克中學就讀，並因優異的學業成績，

隔年再度被推薦、轉學到奧帕維預科中學。顯然，這對於有點窮困的「百姓貴族」來說，兒子踏上的道路完全是走歪了。孟爸爸再度驚醒這個小鬼根本無心繼承家業。此外，農家收入根本沒辦法負擔高昂的學費。

屋漏偏逢連夜雨，正在應付房屋重建貸款的孟爸爸，在這時因為不小心被樹幹壓傷，加上連年乾旱所造成的農作歉收，家裡的經濟狀況已跌到深深的谷底，再也無法供給他學費。身為長子的孟德爾心不甘情不願的從他眷戀的求知天堂，返回現實世界。他在十六歲那年輟學，放棄曾經堅持的升學夢想。

我的憂鬱不是中二

OPEN

我不是裝死，我想讀書

邁入青少年時期的孟德爾，一開始就被迫放棄升學夢，他以第三人稱的口吻，寫下生活所面對的煎熬：「連年收成不好，16歲的『他』再也無法仰賴父母供給學費。『他』決定再給自己一個機會——加入奧帕維區的教師訓練研習

▲ 不像少年維特是個有錢小開，面對失戀只會哭哭；孟德爾這個窮小子，煩惱的是沒錢讀書。

課程，終於以優異的成績結業，被校方推薦為家庭教師。希望之後，『他』就可以便靠著微薄的收入，咬緊牙關繼續中學學業。」

然而，天不從『他』願。將滿十七歲的孟德爾在身無分文的當下，找不到任何一份教師工作。無路可退的孟德爾終究還是失去了選擇權，接受眼前唯一的一條路——輟學。孟德爾正式迎來他生命中「少年維特的煩惱」。那年夏天，儘管豔陽高照、晴空萬里，但他成了足不出戶的「中二繭居族」。將自己悶在房裡的他，三餐由媽媽送到床前。絕大多數的時間，孟德爾都躺在床上盯著天花板；偶爾，他會望向窗外，望著從重傷中漸漸康復的父親，拖著瘦小的身子，一跛一跛的照料果園。

孟德爾就這麼帶著罪惡感的一

▲ 帕拉茨基大學成立於 1573 年，是捷克境內歷史第二悠久的大學。圖中是孟德爾曾就讀的哲學院。

天過一天，他內心知道身為獨子，自己有責任幫助爸爸務農，可是偏偏就是無力。其實這外表看似「中二繭居族」的行為症狀，以現代精神科醫師或心理學家的專業判斷，可能就是「憂鬱症」。前來探視他的姊姊仍不改心直口快的性格，對孟德爾說：「你根本沒有生病，只是裝死、不想工作！」

對、對，就是這種藥

入秋以後，因家中經濟狀況好轉，孟德爾在父母親的同意之下回到學校，完成最後一年的課業，以取得畢業證書。家人發現他所有症狀因此「不藥而癒」，什麼疑難雜症突然都化為烏有。孟德爾搖身一變，成為身心健康、立志向上的好青年。儘管遇上暴風雪，他還是全勤出席每一堂課。到了這個地步，他周圍的親朋好友，任誰都看得出來——「知識」就是孟德爾的「解藥」。

1840 年，孟德爾進入帕拉茨基大學哲學院的大學先修課程（Palacký University, Olomouc）就讀應用及理論哲學與數學。可惜，沒錢這個問題還是不斷找他麻

煩，雖然這回總算能夠身兼好幾個家教工作，但哲學院的學費和生活費實在高的嚇人，迫使孟德爾只好再度輟學。你是不是已經猜到他的下一步呢？沒錯，他又陷入第二次發病，整整在床上躺了一年。醫師無法找出原因，只好告訴家人，孟德爾可能是「心情不好」、「太傷心了」。如果當時他能接受現代醫學的治療，或許有助病情康復的速度。但在那個年代，連醫師根本都沒有心理疾病的概念，更別說是一般人了。因此，挫折的他一方面覺得精神愈來愈糟，不想動、也不想吃；一方面又很難向家人清楚的解釋為什麼。

遇到貴人，再幫一把

而隨著父親年紀漸長，獨自一人經營家業顯得愈來愈吃力，而農場收入也不夠寬裕到請得起一兩位幫手。看在眼裡的孟德爾，總覺得自己一直讓父親失望、擔心，內疚感日益強烈。在如此惡性循環之下，他自身的病情只有更壞。這時治療心病的解藥終於送來了，從小跟孟德爾最要好的妹妹特雷西亞，主動將父母親留給自己的嫁妝全都

▲ 法蘭茲是帕拉茨基大學的數學和物理學教授，可說是孟德爾這輩子遇到的大恩人之一，幫孟德爾找到一間超棒的修道院，就此改變他一生。

給了哥哥。而刀子嘴、豆腐心的姊姊，也成功勸說自己的丈夫接管父親的農場，甚至居中為弟弟協調求學經費的來源。20 歲的孟德爾，似乎能夠見到未來開始露出一絲曙光。他再也不必將繼承家業當成唯一的必要選項；他從獨子的責任中解脫了。

不過事情沒你所想的這麼簡單，完美的結局可不是就這麼掉下來。孟德爾仔細的計算，小妹的嫁妝、大姐和姐夫的支援其實只夠他勉強讀完大學，根本無法多想未來

的學業。因此，他選了那時代想要免錢讀書的唯一選項，就是出家當和尚，到修道院當修士（friar）。其實這樣的選擇也受到大學老師法蘭茲教授影響，法蘭茲教授本身也是位神父，他認為孟德爾不繼續學業實在太可惜，所以一直勸說他選修道院就對了！孟德爾當然是別無選擇，只能衝了再說，不過法蘭茲教授可不是壞心眼的人，他幫孟德爾選了一間包吃、包住、還包讀書的超棒修道院。

▲ 孟德爾應該從沒想過自己會進入修道院當修士

科學修道院新生報到

OPEN

菜鳥新生和傳奇院長

　　修道院對你來説是個什麼樣的地方？外表可能像間破舊的房屋，裡面住有立志為世人奉獻的修士或是修女，定期向來往的居民佈道、或是分送物品；又可能是像好萊塢電影一樣，有一棟莊嚴的古典建築，裡面表情凝重的修士拿著巨大的十字架，朝向被妖魔附身的農民，用手劃出神祕的驅魔儀式。對於孟德爾來説，同樣的疑惑或許在腦中不斷的冒出，可是窩在修道院分送窮人食物，或是出外冒險驅魔實在不是他的菜。還好，法蘭茲教授幫他找到一間神奇的修道院，一個可以不愁吃穿又可以繼續讀書升學的地方——聖湯瑪斯修道院（St Thomas's Abbey）。

▲ 還好法蘭茲教授不是要將孟德爾培育成驅魔教士

▲ 孟德爾大概沒有想過，原來真的有包吃包住的修道院。現在聖湯瑪斯修道院已經成為孟德爾博物館。

Frantíšek Cyril Napp.

▲ 納卜院長可說是布諾恩的傳奇人物，他不僅是修道院院長，也有參與政府機關的運作，在當地是非常有聲望的人士。

聖湯瑪斯修道院位於捷克第二大城布諾恩，這間修道院最特殊的是悠久的教學歷史，可以追溯到皇帝法蘭茲一世特許他們具有教學權，院裡的修士也都以這項教學傳統為傲，特別是當時的院長納卜（František Cyril Napp）。納卜院長可說是布諾恩的傳奇人物，他是一位超級有長進的富二代，不但家世驚人，就連學識也高人一等。由於家族地位和院長的關係，他與當時的政府議員和企業家關係很好，自己也是當地議會的議員。納卜院長深厚的學識，讓他也成為布諾恩地區科學研究的領頭羊。除了院長職務，他還兼任高中教育委員會的會員、農業協會的會長，對於配種和繁殖可說是非常有心得。嗯，你是不是開始發現孟德爾研究豌豆的一些小線索了呢？不過他本人還是沒察覺，倒是對於進入這間修道院，感到異常高興，終於有個適合自己的地方。

包吃、包住、包讀書

孟德爾一進入修道院，就立刻聞到熟悉的氣味——充滿知識的氣味。納卜院長鼓勵院內的修士勇於探索知識，而且他還打算籌組一個研究團隊，這也是為什麼孟德爾出

▲ 小羊皮紙書顧名思義是用小羊皮做成的，比莎草紙來的耐用、耐寫。許多重要的書籍都是用小羊皮紙製作，這也是修道院最講究的收藏品。

現在這裡的原因。還有還有，修道院的創立者聖奧古斯丁修士原本就是位愛書者，所以除了要求修道院要有自己的圖書館，也要不斷收集書籍。到了納卜院長，修道院的兩萬本藏書已經不輸給一般大學了。對孟德爾來說，聖湯瑪斯修道院已經不是一般的教會，而是一所包吃、包住、包學習的學校。納卜院長對於這個年輕人異常的欣賞，可能是法蘭茲教授的文情並茂推薦信，又或許是從這位熱愛科學的年輕人身上，看到自己年輕時的影子，所以他破例讓孟德爾自由進出圖書室，甚至是使用修道院裡的菜園與玻璃溫室。

菜鳥新生孟德爾非常習慣規律的修道院作息，從一天兩次的教堂禮拜，到每天去神學院學習教會律法、神學以及各種語言，都感到非常的快樂。更何況是三餐都有豐富的食物，不僅心靈獲得滿足，就連肚子也不受虧待。可別以為修道院吃的都是空氣露水，聖湯瑪斯修道院出名的不僅是地位崇高的納卜院長與學術資源，還有讓布諾恩地區少女聞之瘋狂的美味廚房。傳說這

專門為植物打造的溫暖小屋

　　溫室可說是專門為植物打造的溫馨小套房。溫室的外表看起來就像是一間透明屋，透明的部分主要是玻璃或是塑膠。太陽光可以穿過透明材質，提高溫室裡的溫度，並且隔絕外界的寒風，所以可以讓植物度過寒冷、惡劣的天氣。現代化的溫室更可以自動調節溫度和濕度，提供植物最棒的環境。

厲害的伙食菜單

傳說主廚的
聖湯瑪斯特選套餐

主餐：豌豆湯、豬排佐玫瑰果醬汁、水煮馬鈴薯
甜點：碎核果水果捲心餅
下午茶：蛋糕、可頌、奶油果子餡餅與咖啡、葡萄酒

這些豐富的美食讓孟德爾中年過後就開始發胖，有時候出遠門採集植物或做實驗都吃足苦頭。

些少女都會跑來向修道院大廚學習廚藝，之後才有辦法在貴族世家裡得到一份絕佳的職位。

我不是爛草莓

看起來就要發達的孟德爾是不是就開始從豌豆湯裡找出靈感了呢？可惜事情並沒有想像中的那麼簡單。他一開始就面臨一項大考驗：我適合做修士嗎？入了修道院不做修士，難道要做美味廚房的大廚啊！不過孟德爾天生就不是做修士的料。在 1847 年，修道院因為一場神祕的傳染病而奪去不少修士的性命，這讓孟德爾在短短不到 4 年就破例升任成修士，不過這卻讓他生了一場大病，足足在床上躺了好

幾個月。這個病並非是什麼重大疾病，而是他心裡生病了，原因就像是不習慣務農種田的生活一樣，他無法適應修道士的日常任務——照顧那些病患、臨終者與貧苦的人。

納卜院長並沒有特別指責孟德爾，說他愛裝死、爛草莓之類的，而是發覺孟德爾其實真的是位研究人才，內向不善表達的個性或許真的無法面對這些需要祝福的人。正當院長開始想幫他另謀出路的時候，剛好政府頒布一項命令，要求神職人員需要回饋在地的居民，所以院長就想到一個方法，讓他去學校當代課老師教書，最後孟德爾開始展開一段不是福、也不是禍的新旅程。

人生總是好挫折

OPEN

擺脫流浪教師

　　1849 年孟德爾終於啟程，開始一段新生活。可以想知他心中一定開心到不行，終於脫離那凝重的傳教任務，想像著學校的愉快教書生活。事實上，和他想像的一模一樣，沒想到害羞、自閉的孟德爾竟然成為學生愛戴的對象，同事形容他雖然缺乏專業的訓練，但是教學方法很生動、對學生很有熱情，儼

然成為一位熱血教師。不過你是不是發現其中的關鍵字了呢？「缺乏專業的訓練」指的是孟德爾其實只是一位沒有教師證代課老師，他自己也非常清楚這點，所以立下明年報考的目標。

　　隔年八月，孟德爾異常興奮的來到維也納——這個美到不行的音樂之都，或許真的是教書生活帶給他強大的自信，自信到連首席考官安德里亞斯‧馮‧鮑姆葛特納教授（Andreas von Baumgartner）的暗示都聽不進去，沒想到必勝的決心卻沒有帶給孟德爾必勝的戰果。孟德爾在 8 月 1 日的時候接到初試合格通知，希望他能夠在 8 月 15 日來維也納進行筆試和口試，不過後來教授想想不對，維也納的八月可是令人討厭的季節，悶

▲ 美麗的城市維也納並沒有帶給
孟德爾美麗的結果

年輕人終究是年輕人，太衝動了

▲ 首席考官鮑姆葛特納教授

熱的天氣實在令人難受，所以趕緊又寄一封信通知孟德爾，希望可以延後到秋天，這樣教授們就可以前往涼爽的地方度假。

可是孟德爾已經在前往維也納的火車上，說不定正在幻想著教授們如何對自己感到佩服。因此，當他聽到教授說出這錯愕的消息時，只能忍住翻桌的手勢，好心提醒教授自己花了一天的車程過來，對於這次的教師考試有很深的期待，不想再拖過夏天，甚至拍胸補保證已經做好準備，絕對不會耽誤口試委員的時間，一定能帶來令人「涼爽」的結果。只能說孟德爾實在太高估自己了，要是他預先知道委員們對自己初試的評語，那麼就會直接接受教授的中肯建議而回去了吧。

59 分不能再高

這次的教師考試其實得先回到同年 5 月，孟德爾為了通過初試，他必須交出讓教授點頭的論文，不過所交出的氣象學和地質學論文卻讓委員們翻白眼。負責評改氣象學論文的鮑姆葛特納教授，只能勉強評上及格的分數；委員之一的克納教授則是大大抓狂，地質學論文的評語只留下「錯誤，模糊，不知所云」，只差沒在上面畫個大叉叉。在這樣的情況下，可想而知維也納的後續考試就像 8 月的天氣一樣，只會讓這些教授煩躁惱怒而已。在第二階段的筆試，孟德爾也沒有拿出扭轉局面的絕招，事實上 5 月的論文就已經定下他的命運了。向來有考試焦慮症候群的他，面對嚴格、困難的筆試考題，腦中一片空

白。筆試題目是「論哺乳動物分類與對人類之用途」，孟德爾心中的 OS 大概只剩下「分類是什麼？可以吃嗎？」

分類確實不可以吃，而是一個當時非常流行且關鍵的生物學概念，這可要追溯到 1753 年，生物分類學家之父 —— 林奈（Carl Linnaeus），首次利用二名法將各種物種歸類，並且建立一套完整的生物分類系統，直到現在，我們還是沿用林奈的概念。可是沒有受過正統教育訓練的孟德爾在面對這個題目時，只能粗淺回答出一般的俗名和答案，這讓精通動物學的克納教授再也無法多說什麼，只能請他重新再來。而最後的面試也無法改變結果，唯一正面的評語只是積極，不過現在聽起來應該是充滿諷刺吧。還好，克納教授給了他一條中肯的建議：「如果他能有一次徹底學習的機會，那麼應該很快的就可以考上教師證。」這是真的嗎？

一臉垂頭喪氣的孟德爾帶著滿布紅叉叉的評語回到布諾恩，納卜院長並沒有氣的跳腳，也沒有大罵那些委員不識貨，反而看到了一個

▲ 翻白眼的克納教授還是給了一個中肯的建議

機會，也是這兩人最重要的決定。院長認同克納教授的建議，決定送孟德爾去維也納大學接受正統的教育學習。仔細想想，孟德爾確實從沒有接受過正式的高等學術教育，說實在他的程度頂多是高中程度。僅憑著高中學歷和修道院的圖書室，實在無法跟上當時的科學發展，從現在看來，維也納大學不僅提供孟德爾豐富的學習機會，更重要的是，有機會遇到足以啟發他後來實驗的老師與知識。

林奈與二名法

　　林奈是瑞典生物學家，被稱為生物分類學之父。他率先以科學方式將各種生物分門別類，在林奈的那個時代，生物並沒有統一的名稱，大家依照各自的習慣取名，因此他用「二名法」制定出生物命名的規則，也就是我們有時會聽到的「學名」。學名大多是由兩個拉丁文字所組成，舉例來說，人類的學名是 *Homo sapiens*，第一個字是屬的名字，是名詞，*Homo* 是人屬的意思；第二個字則是種的形容詞，用來形容物種的特性，像 *sapiens* 的意思就是有智慧的意思。

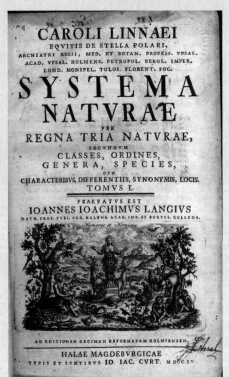
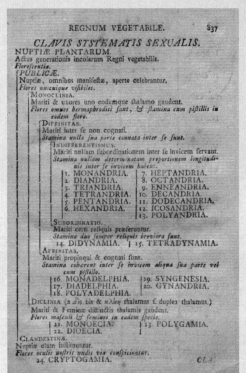

▲ 林奈的劃時代巨作《自然系統》率先規劃出生物的分類系統以及二名法

我要努力向上

趕上大學

維也納大學位於奧地利的首都維也納，是當地最大、歷史最悠久的大學，其歷史可以往前追溯到 14 世紀，其研究領域包含神學、文學、科學、醫學等各種領域，這實在是再適合孟德爾不過了，當他走進校門時，可以想見心情是超級開心的。不過當我們將時間往前推一些，就會發現孟德爾總是慢了一步。大家可別忘了，孟德爾還是位修士，怎麼能說走就走呢！因此納

卜院長也是耗費許多心力和主教交涉，最後主教才勉為其難同意孟德爾去讀大學，不過條件是他必須嚴格遵守宗教規範，也就是說雖然人不在聖湯瑪斯修道院，但是必須維持修士的作息，並且住的地方也要是修道院。不過維也納是個五光十色的大城市，要找到一間簡樸的修道院並不簡單，不過納卜院長也不管了，眼看快要開學，只能找個離市中心比較遠的住處，趕快將孟德爾丟上火車，擺脫這個燙手山芋。

雖然孟德爾在我們眼中簡直是一生波折，不過據說這也是他自找的，還記得他因為水土不服而去當老師的事吧！院長那時也和主教爭執了許久，只不過因為孟德爾無意間得罪了主教，在背後說他肚裡的脂肪比肚量還多，暗諷他做人心胸狹窄。主教就已經是心胸狹窄了，再聽到這句話，當然是吞不下去

▲ 維也納大學可說是改變孟德爾的關鍵，讓他學習到日後研究所需的知識。

啦，想當然不會讓孟德爾有好日子過。不管如何，納卜院長終於替愛將掃除路上一切障礙，送他進入校園大門，但是這已經是開學過後 1 個月的事了，幸運的是孟德爾在學校又遇到主考官鮑姆葛特納教授，他還記得這位有衝勁、沒學識的年輕人，就再幫他一把，順利入學。

眾多恩師來相見

比別人晚上課、還成為班上最老的學生（他那時已經 29 歲）的孟德爾，自然得抓緊腳步趕上同學，或是這麼說：趕上他 29 年到現在尚未補足的學識。總是擔心比同學學得少的他，一學期就修了 32 學分，比一般學生多了將近 10 學分。近乎狂熱的衝勁和優異的表現讓他一入學就成為物理學院的助教，這個位置只有 12 個名額，是留給學院裡最優秀且具有教師資格的學生。是誰這麼識貨呢？就是大名鼎鼎的物理學家都卜勒（Christian Andreas Doppler）。其實當時已經額滿，都卜勒還特別破例讓孟德爾成為第 13 位助教，並且讓他修習自己開設的物理課。不過都

卜勒在次年去世，無法看到這位愛徒發揚光大。有趣的是接任都卜勒教授與院長職位的艾丁蕭生（Andreas von Ettingshausen），同樣的也影響著孟德爾。

艾丁蕭生除了是物理學家，還是個數學高手，擅長組合理論，譬如說在一定的規則下，物體排列組合的方式與種類。這個物體可能是我們所看的任何東西，當然也包括孟德爾後來眼中的豌豆。然而影響他最大的是植物生理學教授法蘭茲·恩格（Franz

◀ 都卜勒

艾丁蕭生，你可別得意。

都卜勒兄，孟德爾可以放心交給我，你就安心的去吧。

▶ 艾丁蕭生

Unger）。恩格教授認為植物細胞裡面可能存在一些東西，會影響植物的後代，甚至認為生物可能會隨著時間而發生改變。嗯，這聽起來是不是和後來的達爾文演化理論有幾分相像呢？並且這位恩師還介紹幾位植物育種界的高手讓孟德爾認識，並且特別提到許來登（Matthias Jakob Schleiden）是位特別的科學家，他認為各種生物都是由「細胞」組成，並且首先提倡要用科學的方法研究生物，因為生物學就像物理、化學一樣，是門貨真價實的科學。然而最關鍵的是，恩格教授向徒弟說到，有種植

前面的都別吵了，孟德爾還是交給我最妥當。

▲ 恩格教授後來成為孟德爾一輩子的恩師

有趣的數學組合理論

　　數學的組合理論到底什麼東西呢？下列題目就是個有趣的組合題目，後來孟德爾也為了這種誰先誰後、誰配誰的問題，而傷透腦筋喔！

　　有一個農民到市集買了一隻狐狸、一隻鵝和一袋豆子，回家時要渡過一條河。河中有一條船，但是只能裝一樣東西。而且，如果沒有人看管，狐狸會吃掉鵝，而鵝又很喜歡吃豆子。請問怎樣才能讓這些東西都安全過河？

第一趟：帶鵝過河。第二趟：空手回來，第三趟：帶狐狸〔或豆子〕過河，把鵝帶回來。第四趟：帶豆子〔或狐狸〕過河，空手回來。第五趟、帶豆子〔或狐狸〕過河，空手回來。第六趟：帶鵝過河。

解答

許來登的細胞學說

　　在以前還沒有顯微鏡的時代，科學家們一直有個問題：「人體到底是由什麼東西組成的」。有的人認為可能是由很多很多看不到的小人組成的；也有人認為各種人體部位都有特別的組成單位，像是眼睛可能就是由很多小眼睛組成。直到虎克（Robert Hooke）透過顯微鏡看到植物的細胞，許多科學家才相繼投入研究，許來登和許旺（Theodor Schwann）才各在 1838 年與 1839 年提出細胞學說，認為生物的基本組成單位是細胞。

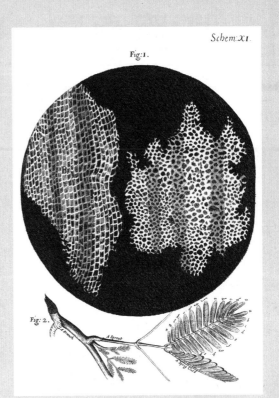

▲ 虎克率先使用自己的顯微鏡觀察到植物細胞

物特別受到植物育種學家的青睞，很適合拿來做實驗，而那就是你們所知道的豌豆。在短短兩年時間，孟德爾補足了自己原先的缺點，現在已經轉變成一個實力和衝勁兼具的新手科學家，剩下的只是要怎麼實踐自己的願望。同時，納卜院長也幫孟德爾準備一個大禮物，為之後的研究鋪路。如果你是孟德爾，接下來想做什麼呢？是不是要一雪前恥，重新報考教師資格呢？沒錯，孟德爾回到布諾恩後，第一件事就是再次挑戰這個任務，他可不想當一輩子的代課老師。

豌豆實驗，我來也

`OPEN`

教師證，我又來啦

1856 年春天，距離大學畢業已經是 3 年後了，雖然孟德爾現在還是位沒有教師證的學校老師，但是教學生活一如先前那麼順利，學生依然很喜歡這位生猛有力的熱血教師。此外，他還收到納卜院長送的畢業禮物，一座全新的溫室和整修好的菜園。不過孟德爾最放不開的，應該就是那張教師證。現在的他已經經過大學洗禮，更何況還有都卜勒教授、恩格教授的強力背書，可不是先前那位看到考卷就吐血的小孬孬。這些年的成長足以讓他學識翻倍，因此他又從布諾恩出發到維也納，打算一雪前恥。

不料事情卻沒有如孟德爾和我們所願，他這次沒有在維也納花太多時間就結束了，因為他的考試焦慮症再次發作，甚至沒有像先前還堅持到最後一刻，連最後的口試都沒有參加就直接跑回布諾恩。或許是現實太過殘酷，自己明明就很努力了，但是這樣的屈辱依然重現，這讓孟德爾生了場大病，躺在床上。這次的救星不是院長，反而是

▲ 納卜院長送給愛將的畢業大禮，很可惜並沒有好好保存到現在。目前只剩下草地上的遺跡。

他的父親，遠從老家跑來布諾恩照顧他。可能真的是上天覺得讓他當老師太過可惜了，故意讓孟德爾在教師路上超波折，不然他如果考上教師證專心當個學校老師，不種豌豆怎麼辦？

向育種前輩學習

我們無法瞭解孟德爾是不是真的是因為當不了老師，才賭氣去種豌豆洩恨，但是可以確定的是他最敬愛的恩格教授，帶給他很多靈感。每當孟德爾到維也納時，一定會拜訪恩格教授。兩人除了閒話家常話，老師也會分享自己的新想法：「物種會隨著時間變化」，不過這個想法卻讓老師差點被迫辭職。這是因為恩格教授犯了和達爾文一樣的症頭，就是膽敢挑戰神聖不容褻瀆的天主教會——物種可是上帝創造的啊！不曉得孟德爾是不是想為老師爭一口氣？或是他對於物種改變產生濃厚的興趣，鼓起想要證明的勇氣。最終他展開了我們熟知的重要旅程，讓修道院成為他一生的終點，豌豆則成為他的好夥伴。

▲ 約瑟夫是第一位以科學目的研究植物雜交。你知道常見的臺灣欒樹學名 *Koelreuteria elegans* 中的 *Koelreuteria* 就來自他的姓喔！

想要用育種的方式證明物種變化的想法，不是只有孟德爾才想到。恩格教授就曾在課堂上介紹過兩位大前輩：約瑟夫・柯爾魯特（Joseph Gottlieb Kölreuter） 和卡爾・加特納（Karl Friedrich von Gaertner）。雖然育種這件事在農業上已經持續了好久、好久，被農民用來培育出好種、又好吃的農作物或家畜。但是約瑟夫可是歷史上第一位為了科學、不是為了肚皮而研究育種的科學家，他原本學醫，但是因為興趣而一頭栽進園藝育種

的世界，並且在貴族夫人贊助下，在溫室中埋頭研究。他特別熱衷菸草植物的雜交實驗，並且還培育出新的種類。最後他將研究心得集結成冊、出版成書，不過內容艱澀難懂，根本沒有人注意到這項研究。

相同的情形也發生在卡爾身上，卡爾雖然比約瑟夫有名許多，是位相當知名的植物學家，他希望利用在透過人工授粉花朵、培育新種類的過程中，挖掘出當中潛藏的科學原理。他所出版的著作比約瑟夫更多、更豐富，但是同樣也不受當時的人青睞，這樣的情況後來也發生的孟德爾身上，是不是雜交育種被大家認為是農夫的玩意，所以讓這些科學家飽受忽視呢？不管如何，孟德爾可是從這兩位前輩身上，看到研究的曙光。

豌豆，我來啦

孟德爾在細讀卡爾的著作後，發現到自己竟然沒辦法重複他的實驗，也就是說無法證明卡爾做的實驗是對還是錯！這在現代科學來說

▲ 當你大口啃玉米的時候，有曾想過古早古早的玉米可是一口就吃完喔！（圖左）古時的農夫費勁辛苦才將玉米變成現在黃黃胖胖的樣子，甚至現在更有各種五顏六色的玉米出現（圖右）。

是非常重要的事，當你開始延伸前人的研究，或是需要引用別人的結果的話，為了保險起見，你必須小心且仔細的重複幾次，最後希望能得出同樣的結果，那麼才能確保你之後所做的實驗都來自正確的基礎與資料。可別以為和數學運算一樣，負負得正，在錯誤上研究，得出的結果並不會離真相更近一些。孟德爾除了是一位好老師，嚴謹的態度更是一位好科學家。於是他一步步仔細核對卡爾留下的資料，發現卡爾並沒有仔細記錄實驗步驟，甚至也沒有說明所用的植物是否屬於純種？並且雜交培育的結果也只進行了一代，並沒有持續下去，再者，卡爾也沒有好好細分和比較植物上各種部位的特徵。這些種種因素都讓卡爾的辛苦研究蒙上一層迷霧。

孟德爾與這些前輩不同，先前在維也納大學紮實的數學與物理訓練，讓他找出另一個切入點。他不想找一堆植物胡亂雜交，而是想先從豌豆下手，但是他得先培育出純種的豌豆。好在孟德爾在第二次教師考試前，就已經在修道院溫室裡，培育出純種的豌豆，並且整理

▲ 沒想到看來不太起眼的豌豆竟然可以建立起一門新學科

出 7 種可以用肉眼辨識的特徵。仔細的孟德爾也設想好環境，他將豌豆種植在與外界環境隔離的溫室中，並且透過人為的方式嚴格控管豌豆授粉，最後更察覺到豌豆的數量愈多愈好，樣本數愈多、表示結果愈正確。這些巧妙的設計都讓孟德爾的實驗在一開始就領先他的前輩許多。爾後，他也就將自己的後半輩子花在這些豌豆身上，並且再也沒有離開修道院了。

超越前輩的
科學天才

OPEN

豌豆不簡單

豌豆對你的印象是不是便當或是炒飯裡那個令人討厭三色菜呢？恨不得將一顆顆綠色豆子挑出來。不過豌豆可是一種很神奇的植物，它生長的特性可是讓孟德爾愛不釋手，是一種很好的實驗材料。豌豆在開花後，雌蕊和雄蕊不會同時成熟；雄蕊會提早成熟，之後再輪到雌蕊，孟德爾利用這種特性，巧妙的控制花粉授粉的時間。他在雌蕊成熟之前，就搶先撥開花瓣、除掉

雄蕊，如此一來就可避免雌蕊接收到花粉；之後他再用白色棉布套套住花朵，如此一來也不會有昆蟲或是風將其他豌豆的花粉傳播到這朵花上。因此，孟德爾可以控制豌豆要接受哪一株的花粉，以及授粉的時間。

接著就是最關鍵的一步，絕對不可以再重覆前輩的錯誤，那就是用不純的植物做實驗，所以孟德爾先讓同一株豌豆接受自己雄蕊的花粉（自花授粉），產生下一代。再利用這些種子種出豌豆，並且又讓

雌蕊　　　雄蕊

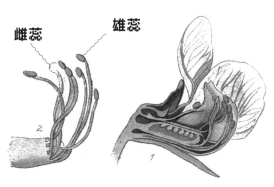

453. Pisum sativum L.   Brech-Erbse.

▲ 豌豆花的雄蕊與雌蕊就藏在中間花瓣的裡面

超強運的孟德爾！？

　　到現在許多人都認為孟德爾的運氣很好，一開始就選擇了豌豆和 7 種表現明顯的特徵，所以才讓他的實驗進展順利。不過這一切並非偶然，他可是做很久的功課，才有如此的成果。一開始他選擇豌豆的原因是它們的特徵都很明顯；不同品種的豌豆在交配後的後代，也能夠具有生殖力；雄蕊與雌蕊都被花瓣緊密的包覆，不受外界干擾；最後是豌豆好種、生長的速度也快。最初，他從種子商人買到約 34 種不同品系的豌豆種子，經過兩年多不斷的培育與實驗，最後才從中篩選出最適合實驗的 7 種特徵。

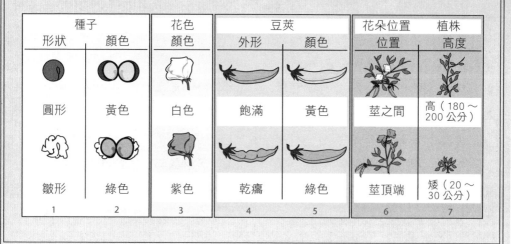

種子		花色顏色	豆莢		花朵位置	植株
形狀	顏色		外形	顏色	位置	高度
圓形	黃色	白色	飽滿	黃色	莖之間	高（180～200公分）
皺形	綠色	紫色	乾癟	綠色	莖頂端	矮（20～30公分）
1	2	3	4	5	6	7

　　它們只接受自己的花粉，就這樣持續不斷的作業，直到這些豌豆的外觀特徵都不再發生變化，而這就被孟德爾稱作「純品系」的親代（表示血統好純、好純，豌豆爸爸媽媽也都和小豌豆長的一樣）。還好豌豆是種生長相當快速的植物，從種下種子到結出豆莢，大約 1～2 個月就可以採收，不過這也花了孟德爾兩年的時間，才培育出七種特徵的純品系豌豆親代。

解開豌豆的祕密

　　剛開始孟德爾就先觀察種子的形狀特徵：是外表圓滑的種子、

還是外表皺皺的種子。這時候是
1856 年，他在遭遇考不上教師的
挫敗後，展開的第一次豌豆雜交實
驗，將親代圓形豌豆與皺形豌豆互
相授粉，舉例來說將圓形豌豆的雄
蕊花粉，放在皺形豌豆的雌蕊上；
同時也要記得先摘除皺形豌豆的雄
蕊，以免接觸到自己的花粉。結果
雜交後產生的下一代（我們可以先
稱為第一子代），種子全部呈現圓
形。孟德爾倒是不意外，因為前輩
的論文有說下一代要不是跟爸爸一
樣，不然就是和媽媽一樣。那麼孟
德爾開始和他前輩不一樣的地方，
他想看看這些圓形第一子代是不是
都是純種？所以他用了培育純品系
親代的一樣做法，將這些第一子代
自花授粉。這時他已經想出一套完

整的實驗流程，譬如什麼時間開始
種豌豆、什麼時候收成、授粉的方
式、還有怎麼標示這些豌豆的特
徵，但是並不代表他知道這些後代
會發生什麼事？剩下的只是耐心等
待而已。

　　1857 年的秋天，第一子代收
成的豌豆莢擺滿了孟德爾的桌上，
他迫不及待的一個個撥開豆莢，看
看這些種子的外形是不是也一樣是
圓形？結果超乎孟德爾預料，在
7324 顆豌豆中，有 5474 顆豌豆是
圓的，而 1850 顆卻是皺的。如果
他的前輩來看的話，一定說「慘
了，實驗失敗」。全部都不是圓的、
也不是皺的，就不再繼續下去。但
是孟德爾卻不這麼做，他仔細記錄

孟德爾的實驗數據

　　你可以試著計算看看是不是每種特徵表現的比例都是接近 3：1 呢？
其實後來的科學家還認為這樣的數字太過完美，所以懷疑孟德爾是不是假
造數據！

種子的形狀	圓形 5474	皺形 1850
莖的高度	高莖 787	矮莖 277
種子的顏色	黃色 6022	綠色 2001
豆莢的形狀	飽滿 882	乾癟 299
豆莢的顏色	綠色 428	黃色 152
花的位置	莖之間 651	莖頂端 207

這些數字，並且察覺到一件事情：數字可能不是關鍵，兩者的「比例」才是關鍵。此時，他再看看豆子的顏色，綠色和黃色的比例。重新將這些豆子依照顏色分類，再數一次，發現有 6022 顆是黃色、2001 顆是綠色。5474：1850 和 6022：2001，這兩者的比例都神奇的接近 3：1，而這樣的結果同樣出現在其他特徵上，孟德爾在實驗報告中提到：觀察到的所有特徵沒有例外，全部出現相近的比例。他持續這樣的實驗，不斷的替各種豌豆授粉交配，來驗證他的想法，最後實驗整整做了 8 年才結束。

超越前輩的天才出現了

孟德爾除了挑選材料和實驗設計不簡單，結果分析也是遠遠領先前輩好幾條街。他一次只看一種特徵，譬如說豌豆的顏色，他發現顏色具有兩種表現的方式：可以是黃色，也可以是綠色。而黃色豌豆和綠色豌豆在交配後，黃色總是顯露出來，而綠色的數量總是比較少，甚至沒有出現過，所以他將黃色稱為「顯性」，綠色稱為「隱性」。接著他用一個巧妙的方式命名，用一種字母表示一種特徵。顏色就用 Y 表示，黃色顯性是大寫的 Y，綠色隱性是小寫的 y。然後關鍵來了，孟德爾覺得黃色應該寫成 YY 或是 Yy、綠色則是 yy。為什麼要這麼複雜呢？以前科學家也是想過用符號表示，他們的方法還比較簡單，譬如說黃色就寫成 Y、綠色也寫成 y 就好。這是因為孟德爾認為這些豌豆裡面有著會影響顏色的因子，而他就以 Y 或是 y 來表示，並且我們在前面提到過綠色隱性有時會出現、有時又會隱藏起來，那就表示原本黃色豌豆裡可能就藏著決定綠色的因子（y），並且兩株豌豆在交配時，都會各出一個 Y 或 y，這也就是為什麼孟德爾要將豌豆顏色標示 YY、Yy 或是 yy。為了證明這個理論，他將黃色豌豆與綠色豌豆交配，結果發現有時候黃配綠的後代全都是黃，可是有時候卻是有黃有綠，這就表示前者的黃色豌豆是 YY，後者黃色豌豆就是 Yy 了。實驗再一次驗證了孟德爾的理論，接著他只要再多種一些豌豆，多做一些實驗，多做一些完整的計算，似乎就可以完成了。

有志難伸，有話難說

OPEN

你們真的不識貨

1864 年是孟德爾豌豆實驗的終點，也是他提出正式科學報告的起點。他開始努力整理 8 年來的心血，撰寫報告、準備演講稿。好友葛斯塔夫馮尼塞爾是布諾恩自然科學研究學會的祕書，特別安排他在協會中發表報告。孟德爾非常重視這場演講，因為他認為自己發現到很重要的科學成果，足以讓自己匹配上科學家的封號，而不是一位修道院的修士。雖然現在的我們也認同他的發現非同小可，稱他是古典遺傳學之父，是第一位利用科學的方法來研究生物學，將生物學提升到一門科學的層次。

可是在 1865 年 2 月 8 日的第一次演講中，卻不是孟德爾所想像的情況，受到眾人擁護鼓掌。事實上當孟德爾使出全力說明他的豌豆雜交實驗，台下的聽眾則是昏昏欲睡，對於他的英文代號 Y、y 和一連串的 3:1，1:1 數字比例，簡直是有聽沒有懂，即便這些聽眾大多是他的科學家朋友和修道士，也無法看在友情份上鼓掌叫好，甚至聽眾還坐立難安，大聲鼓譟，最後只能被噓下台，而這還只是上半場。孟德爾不死心又在同年 3 月 8 日舉辦一次，台下的聽眾當然更受不了，雖然這次勉強讓他講完，但是心中的 OS 大慨就是「為什麼我要浪費兩個晚上的時間聽一個修士種豌豆的故事」。

沒關係，再接再厲

依照慣例研究學會會出版孟德爾的論文內容，這是他的第二次機會。在不小心搞砸演講後，他向編輯要了 40 份論文，希望寄給其他科學家後，能夠收到回饋，有趣的

見證奇蹟的時刻，MAGIC ！

真是太可惜了，台下的聽眾昏昏欲睡，沒能見證孟德爾神奇的一刻。雖然孟德爾的實驗充滿了豌豆、英文代號和數字，但可以歸納出三大重點喔，你這次可要牢牢記住，別再錯過時機了。

我們可以用一個簡單的圖表，說明這三大重點喔！

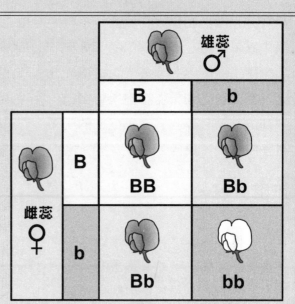

1. **分離律：** 親代的兩個因子在交配的過程中會各自獨立分開，像是 Bb 就會分成 B 和 b。

2. **顯隱律：** 當顯性因子與隱性因子同時出現時，只有顯性因子會表現出來。像是顯性因子 B 遇到隱性因子 b，就只會表現出顯性 B 的樣子。

3. **獨立分配律：** 指的是各種特徵表現的出現機率不會互相干擾，像是豌豆花的顏色和種子形狀的出現機率，不會互相影響。

是達爾文也在這個寄件名單裡喔。其實在 1860 年達爾文的《物種原始》德文版發行時，孟德爾就已經拿在手上了，當時物種原始的理論風靡整個科學界，孟德爾也對於當中的內容非常有興趣，書上早就做滿註記。達爾文在學說中提到，每種生物中的各個個體特徵都不太一樣，只有能夠適應環境的特徵才有

辦法生存下，可是達爾文卻無法解答個體特徵為什麼會不一樣？答案當然就是孟德爾的那些英文代號囉，也就是我們現在所說的遺傳因子。如今我們當然可以說要是達爾文認識孟德爾該有多好，就可以利用遺傳來說明他的論點。可惜的是兩人最接近的時刻是孟德爾在 1862 年前往倫敦博覽會，那時據

説有人建議他和達爾文見面，不過兩人既不相識、也語言不通，更何況達爾文此時不在倫敦。之後兩人再沒有機會交集，孟德爾所寄出的那篇論文，只讓我們在達爾文的圖書室中發現，連信封都沒有拆開。

不識貨啊！

最後這些論文並沒有帶給孟德爾翻盤的機會，可能是寄出的對象實在是太不有名，名單中缺少獨當

嗚嗚～我數學不好，打開也看不懂。

▲ 達爾文雖然提出了演化理論，但是一直找不到影響生物特徵的關鍵因子。不過達爾文數學並不好，即便他看了孟德爾的論文，也有可能因為看不懂而忽略遺傳理論的重要性吧。

一面的科學家；不過若是有名的科學家收到，搞不好會被視為是一份無聊的園藝筆記本。其實不能説孟德爾白寄了這些論文，只是懂得欣賞他的人要等到 1900 年才看到。雨果 · 狄 · 費里斯（Hugo De Vries）因為朋友知道他在做植物的雜交實驗，所以給了他一份孟德爾的論文參考；另外一位卡爾 · 科倫斯（Carl Correns）則是更曲折，有位科學家在臨死前吩咐將他的孟德爾論文送給威廉皇室生物研究院，卡爾是那時的研究院主任，或許是這個巧合，讓卡爾知道了孟德爾的論文。不過更有趣的是，卡爾是孟德爾當時最尊敬的教授內格里（Karl Nägeli）的學生，學生都注意到了，老師當然也勉勉強強注意到囉。為什麼這麼説呢？孟德爾寄出的 40 份論文中，就有一份給內格里，並且他最在意的就是期待內格里的回應。孟德爾將論文與一封親筆信寄給他。兩個月後，內格里終於回信，成為唯一一位「理會」孟德爾的人，但是卻成為孟德爾惡夢的開始，如果時間可以重來的話，他可能會把那封信和論文吃掉吧。

孟德爾的論文下載

達爾文沒看到沒關係,你現在可有眼福了,不僅是德文版可以下載,連英文版都可以全文下載喔。

▲ 我是德文版

▲ 我是英文版

哈囉,孟德爾,連我都收到囉!

▲ 連遠在倫敦的林奈學會都收到孟德爾的論文。

等不到識貨的人

OPEN

內格里是個狠角色

　　內格里是孟德爾最尊敬、崇拜的學者，他也是透過大學恩師恩格教授所介紹。內格里是德國慕尼黑大學的植物學教授，主要是研究植物細胞分裂和種子形成的過程，當時對於想要研究植物的孟德爾來說，可是位夢幻大人物。而這位夢幻大人物之後卻讓他猛捶心肝。在孟德爾寄信後兩個月，終於收到回

信，但是內容卻是不認同孟德爾的實驗，甚至覺得論文提出的大量數字，對於真相理解反而是種累贅。又或者這麼說，即使孟德爾再怎麼努力回信解釋，都只是一種「單戀」而已，因為內格里若是贊同他的理論，那麼就等於承認自己錯誤。當時的科學家，包含內格里和達爾文，都認為遺傳是一種融合親代特徵的方式，稱為「混合遺傳」（blending inheritance）。舉例來

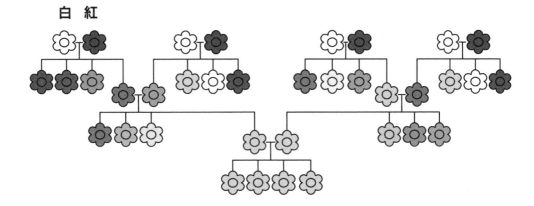

▲「混合遺傳」是 19 世紀科學家用來解釋遺傳的一種學說。那時科學家認為如果紅花與白花交配，後代就會出現介於兩者顏色的花色，這和孟德爾的實驗差異很大。

説，如果是孟德爾的黃色豌豆加上綠色豌豆，後代豌豆的顏色可能就是介於這兩種顏色之間，怎麼會是孟德爾所説的只有黃或綠呢？

從 1867 年開始，孟德爾只能不斷的寫信為自己的理論説明。第二封信，沒回應；第三封信，沒回應。直到 1868 年的第四封信，孟德爾説了自己願意免費當老師的研究助理，幫他研究難搞的山柳菊，這才打破內格里的沉默，有什麼比免費上鉤的大魚更吸引人呢？更何況自己始終無法掌握山柳菊的雜交方式，有個免費的超厲害研究助理，真是太棒了。內格里立馬回應並答應寄給他種子和植物。孟德爾非常開心馬上寫信道謝，但是如果他知道這種植物這麼難搞的話，他一定會把花吃下去。

萬惡的山柳菊

寄出第五封信的孟德爾，這時 46 歲，並且被選為修道院院長，而納卜院長則在前一年去世。除了開始忙於院長的行政事務，他也要開始準備山柳菊的實驗，這或許是孟德爾最後一次植物雜交實驗。內格里為什麼要白白將自己的研究材料讓給一個沒沒無名的修士呢？原因在於山柳菊是一種惡劣到極點的實驗材料，山柳菊的花非常小、孟德爾必須要拿著放大鏡和燈，才有辦法找出花蕊；花蕊又非常脆弱，輕輕一碰就會斷裂，這讓他無法輕易的摘除雄蕊，更不用説接著要將花粉塗在雌蕊上了。這讓中年發福的孟德爾腰痠背痛，甚至眼睛也被不斷的強

▲ 好啦，惡劣的不是山柳菊，而是內格里。山柳菊是菊花的親戚，雖然看起來是一朵黃花，但是這「花」卻是許多小花所集結而成（右圖）。

光照射，而差點失去視力。

　　而這都比不上山柳菊最邪惡的一個缺點，就是山柳菊不需要授粉就可以直接產生下一代，這種方式稱為「孤雌生殖」。孟德爾當然不知道這個特點，不過內格里知不知道呢？這就成歷史懸案了。錯誤的材料當然讓孟德爾無法重現以前的豌豆實驗結果，相信這是非常大的打擊，尤其他是那麼注重實驗細節的人。孟德爾不禁懷疑自己，原本前輩不夠嚴謹才有現在的發展，難道自己

也屬於這種人嗎？不斷的重覆只帶來挫折，甚至開始質疑自己的豌豆實驗可能也是錯誤百出。他持續的寫信向內格里報告進度，有的是抱歉自己因為身體疼痛而被迫停止；或是說明自己遭遇困境，仍在想辦法克服。直到最後並沒有一封信像他第一次寫信，自信、驕傲的展示自己的研究成果。

抗議、抗議、抗議

　　或許是上天看不過去了，1870 年修道院遭遇一場龍捲風，將溫室一掃而空、變成廢墟，想當然山柳菊和豌豆也隨著這場災難而消失。孟德爾並沒有重建溫室，或許他已經對於自己的實驗厭倦或是沒信心了，也有可能他因為院長職務而心力交瘁。此時，他形容自己是個院長，而不是一位科學家。這是因為布諾恩政

雄蜂　工蜂　蜂后

▲ 孤雌生殖是自然界自然發生的例子，可不是異常突變的現象。譬如蜜蜂是孤雌生殖的好例子，蜂后產卵後，如果卵有受精成功，就會生出雌蜂或是工蜂；若是沒有，就會生出雄蜂。

P. Anselm Rambousek P. Antonin Alt   P. Thomas Bratranek P. Josef Lindenthal   P. Gregor Mendel
P. Benedikt Fogler P. Paul Křižkovsky   P. Baptist Vorthey   P. Cyrill Napp P. Alipius Winkelmeyer P.Wenzel Šembera

Plate III Gregor Johann Mendel among his Fellow-Monks

▲ 孟德爾（第一排左一）與他的修士同伴，可惜的是最後只剩
下他孤軍奮戰。

府頒布一條新命令，要對所有的修
道院開徵新稅，高額的稅金讓孟德
爾非常不高興，揚起院長的氣魄寫
信抗議。孟德爾其實是個非常盡責
的院長，他不斷的寫信向政府、各
種相關機關抗議，並且拒絕為這種
不正當的理由繳稅。慢慢的原本來
院拜訪的權貴人士愈來愈少，大家
認為他是個麻煩精、害群之馬，並
且他的抗議信並沒有為自己招來更
多盟友，外面的人也不再尊敬這個
聖湯瑪斯修道院院長。

孟德爾不以為意，他不斷的
寫，一直寫到過世，總共持續了十
年之久。最後身邊只剩下一位僕
人，和他深愛的三位姪子陪伴。雖
然孟德爾的研究成果並沒有受到任
何重視，但是他努力培養這三位姪
子成長就學，做為當初妹妹犧牲自
己嫁妝的回報，這或許可以撫慰晚
年的遺憾，而他只能靜靜的等上幾
十年，讓後人「重新發現」這神奇
的豌豆實驗。

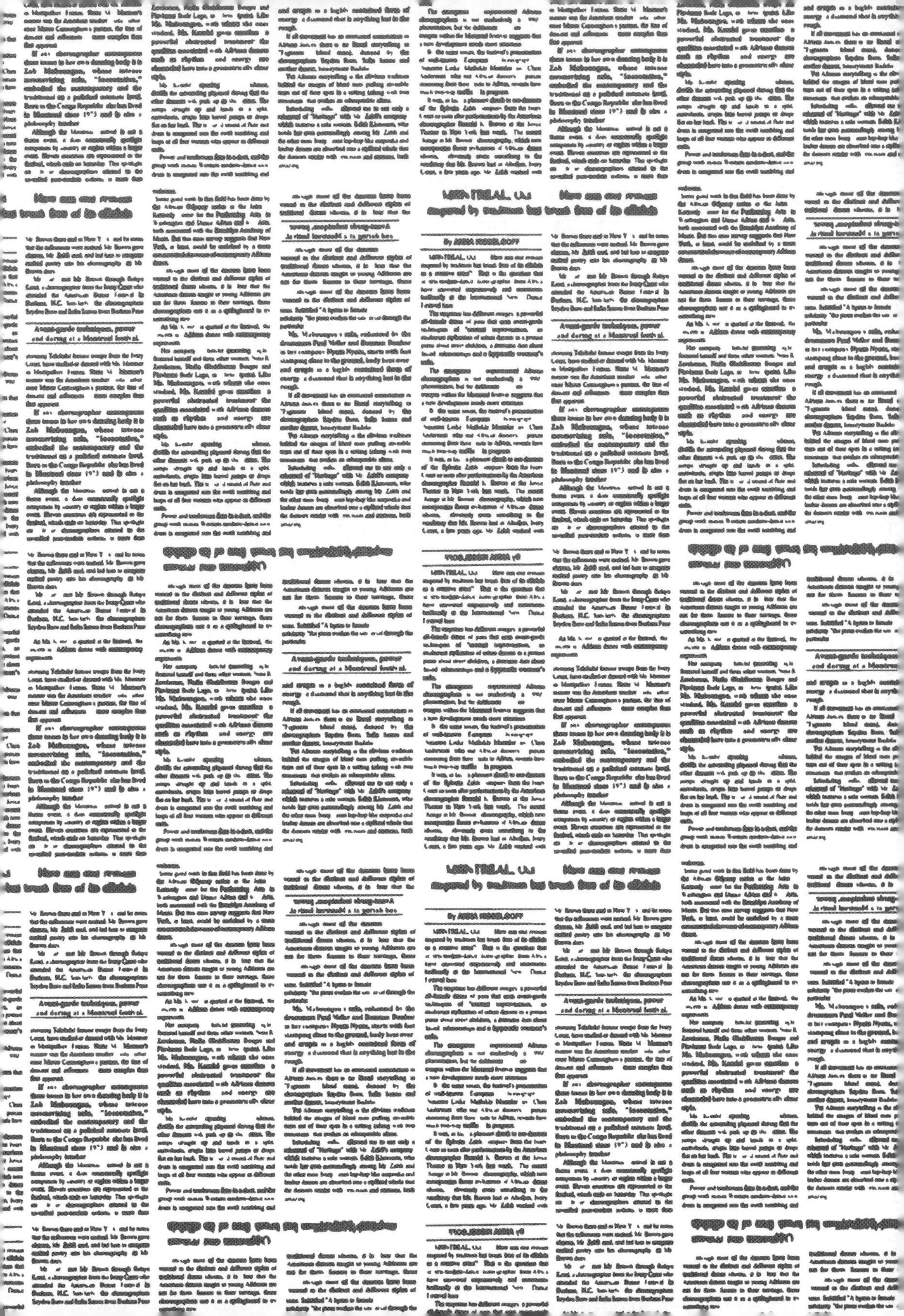

CHAPTER

3

祕辛爆爆

JOHANN MENDEL

意外超展開──
遺傳學科學史

豌豆～豌豆～後來的故事是·

孟德爾從 1856 年開始種豌豆、做實驗，一共做了 8 年才結束。好不容易發表自己的重大發現，卻被科學家忽略，最後還被最敬愛的內格里教授挖一個大洞。結果直到 1900 年才被三位科學家重新發現，當中等了將近 35 年啊！

各位觀眾，這三位科學家是…

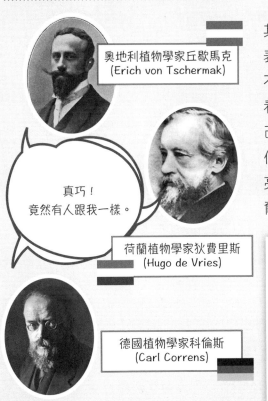

奧地利植物學家丘歇馬克
(Erich von Tschermak)

真巧！
竟然有人跟我一樣。

荷蘭植物學家狄費里斯
(Hugo de Vries)

德國植物學家科倫斯
(Carl Correns)

其實科倫斯率先在 1900 年發表「再發現孟德爾」的論文，不料狄費里斯和丘歇馬克眼看快要失去先機，趕緊發表自己的論文。不管最終結果如何，孟德爾所發現的三個研究亮點，還是被後人稱為「孟德爾定律」。

Q&A 小插曲

遺傳學（Genetics）名詞其實不是孟德爾提出的喔，是由 1906 年英國劍橋大學教授貝特森（William Bateson）提出，並定義：「遺傳學是一門研究生物遺傳和變異規律的科學」

Element 哪裡來？

孟德爾用英文代號表示豌豆的特徵表現實在是一個創舉，不過決定這些特徵表現的東西到底是什麼呢？或是它藏在豌豆裡面的哪一個地方？恐怕連孟德爾都還不清楚，當時他認為大概豌豆裡面有一些 element（因子），負責控制這些特徵吧。

不過後來的科學家可是超厲害，他們仔細抽絲剝繭，終於找出 element 的真相！原來 element 就是基因，而基因就藏在細胞內部的染色體上喔。

分開又結合的染色體

為什麼科學家會想到 element 在染色體上呢？因為他們發現細胞在分裂的時候，染色體也會分開、再結合，所以就想到這和孟德爾所觀察到結果一樣。

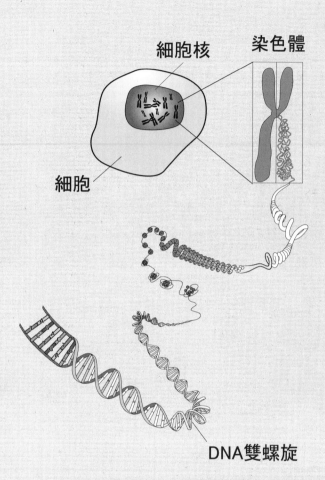

細胞核　　染色體

細胞

DNA雙螺旋

▲ 細胞內藏有細胞核、核裡面又有染色體。基因指的就是染色體內的 DNA。

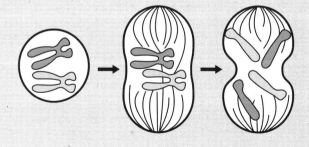

果蠅基因王──摩根，來也！

美國的遺傳學家摩根（Thomas Hunt Morgan）在 1910 年有個重大的發現，他和學生發現果蠅的眼睛顏色竟然和性別有關，為什麼白色眼睛的果蠅都是雄性呢？先前摩根就發現果蠅的染色體中，特別有一組染色體可以決定性別（性染色體），所以進一步實驗發現原來決定眼睛顏色的基因就在這組染色體上，那就證明前輩的理論：基因位在染色體上。

超棒的新一代研究對象──果蠅

別看果蠅好噁心，討人厭，牠可是超棒的遺傳學研究對象，因為牠和豌豆一樣，好飼養、不花錢；並且生長速度超快，只要兩個禮拜就可以產生下一代。

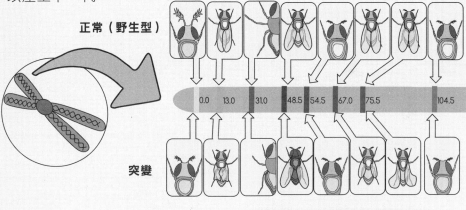

正常（野生型）

| 0.0 | 13.0 | 31.0 | 48.5 | 54.5 | 67.0 | 75.5 | 104.5 |

突變

▲ 摩根後來在果蠅染色體上找到控制各種特徵表現的基因位置。他後來也得到諾貝爾生理醫學獎。

▲ 在實驗室裡只要用簡單的瓶子就可以大量培養果蠅了

🔍 最後一哩路，基因是什麼？

終 於孟德爾的豌豆真相接近水落石出，後輩們的努力終於讓我們了解控制特徵表現的基因位於染色體上，那基因又是什麼呢？其實科學家發現基因來自於染色體中的 DNA 後，就此開始邁入一個新的領域，從分子結構來研究遺傳學。

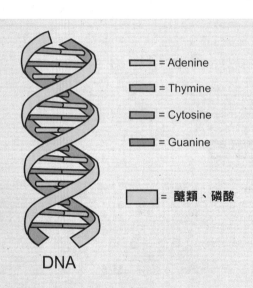

= Adenine

= Thymine

= Cytosine

= Guanine

= 醣類、磷酸

DNA

◀ DNA 是一個長串的雙股螺旋狀巨大化學分子，主要是由醣類、磷酸和鹼基等化學物質組成。當中腺嘌呤（Adenine，縮寫 A）、胸腺嘧啶（Thymine，T）、胞嘧啶（Cytosine，C）、鳥嘌呤（Guanine，G）等四種鹼基的排列組成，就構成了複雜且多樣的遺傳密碼，控制著各種特徵的表現。

雙股螺旋的祕密

　　DNA 雙股螺旋狀構造來自於一張關鍵照片，是由一位女性英國科學家富蘭克林（Rosalind Franklin）所拍攝的 X 光繞射照片，後來啟發華生（James Watson）和克里克（Francis Crick）解開 DNA 結構的祕密。可惜富蘭克林英年早逝，失去得到諾貝爾獎的機會。

▲ 關鍵的 X 光繞射照片

孟德爾研究祕笈 大公開

孟德爾雖然是個修道院修士，小時候也沒有受過正式的教育，常常東讀讀、西念念的，最後竟然還將生物學提升到一個新層次，還善用大學學到的物理學和數學知識，從豌豆實驗找出遺傳原理，最後成為遺傳學之父。有時候孟德爾會因為挫折或是不如意而封閉自己，但是身邊的老師和納卜院長卻沒有放棄過他，反而鼓勵他繼續讀書，可以想見這些師長一定從孟德爾身上看到不為人知的超級亮點，而這些亮點可是值得我們學習喔！

OPEN

Bling Bling 亮點一： 想讀書的決心

孟德爾想讀書的決心可說是強到爆表，雖然爸爸希望他能多幫忙家裡的工作，但是他就是不願意，甚至還生了場大病。不過孟德爾並非只是賭氣、逃避工作，事實上他為了讀書，還不斷的接家教，可是家中經濟真的無法負擔。好在這股決心，讓他不放過任何讀書機會與資源，無論是修道院的圖書館，或是後來的維也納大學，都能把握機會好好學習。

▲ 據說孟德爾小時候讀到古騰堡發明活字印刷術的偉大事蹟，激勵他立志做大事，不要一輩子當農夫。

Bling Bling 亮點二：
不怕苦、不怕難和有耐心

有了決心還不夠，孟德爾還發揮肯吃苦、不怕難的能力。從豌豆和山柳菊的實驗就可以看出孟德爾超乎常人的毅力，他每天固定早起替豌豆授粉，之後在一株株的觀察和記錄，最後收成時還細心的撥開豆莢和數豆子。不過這個也變成缺點，山柳菊的實驗差點把他害慘了，只能說誤信他人。

有學者估計孟德爾一共種了 24000 株豌豆，太驚人了。

Bling Bling 亮點三：
不挑食的讀書方法

孟德爾在進入大學時，並沒有偏食只讀生物學，這跟讀書愛挑食的牛頓差太多了。他反而廣泛的學習各種學問，並且取得很好的成績，還成為物理學大師克卜勒的助教呢！就是這種廣泛且具有深度的學術訓練，讓他擁有許多武器，可以找出問題的答案，並且破除前輩的老舊的觀念，找出新的世界。

Bling Bling 亮點四：
超強的規劃能力

豌豆實驗雖然複雜，但是孟德爾懂得預先規劃，他先閱讀前輩的實驗紀錄與研究論文，從中找出實驗規則與待改善的地方。在還沒有種植之前，就先設定好種植的時間、豌豆種類、收成的方式與時間、以及需要觀察的地方。最重要的是嚴格遵守這些規定、完全不馬虎，這樣再多複雜的實驗，也能耐心、正確的完成。

Bling Bling 亮點五：
資料整理的能力

豌豆的各種特徵雖然很多種，但是孟德爾可是一點都沒再怕的。他在實驗前就做好各種標籤，並且會適時改善或是增補，像是他原本是看豆子的圓或皺，後來只要換個標籤，就又可以同時觀察黃色或綠色。只是善用標籤分類，就可以同

時新增這兩種數據，也省下重種一次的時間，這可是節省整整一年啊。同時孟德爾也非常會記錄，他就是看到前輩在紀錄上都不確實，最後他才有與眾不同的發現。

你看看如果可以善用標籤分類，還可以在沒撥開豆莢之前，就先記錄豆莢是扁還是胖。

不過孟德爾的亮點讀書法並非沒有弱點，這些弱點非常值得我們借鏡！

內格里

那個…
人不是我害的啦！

弱點 1：
誤信他人

雖然孟德爾是一個實事求是、講求證據的科學家，但或許是後期沒有人重視自己的研

究而開始慌張不安，讓他誤信內格里的建議，無法從山柳菊抽身，最後反而懷疑自己的實驗。

🔍 弱點 2：
考試焦慮症

　　孟德爾最大的弱點或許是他一遇到考試就發抖頭昏。第一次教師考試或許是沒有準備而緊張，但是第二次考試就不曉得發生什麼事？讓準備好的他再度失敗。不過唯一慶幸的是還好他考不上，如果真的當上老師的話，那我們的遺傳學該怎麼辦？

我其實有點憂鬱

孟德爾

▲ 孟德爾所在的聖湯瑪斯修道院已經改建成孟德爾博物館（Mendel Museum），裡面展示著許多孟德爾的相關歷史資料。

有空！歡迎來看看喔～

科學家大 PK：孟德爾與達爾文

孟德爾與達爾文兩個人雖然都生長在同一時代，但是一個在歐洲、一個在英國；一個專研豌豆和遺傳、另一個則是研究各種生物和演化。雖然這兩位科學家表面沒有任何交集，但是達爾文如果可以瞭解遺傳定律，那麼就可以更為演化理論基礎增添戰力，反過來孟德爾或許就不會沒沒無名了。

O P E N

孟德爾

我的家庭

出生在務農家庭，家中都是農民出生，種植果樹的本領超強。但是沒有自己的農田，都是在領主的田地裡做事。

達爾文

我的家庭

出生在醫生與科學家世家，家庭優渥，從小接受良好的教育，一身不愁吃穿。

孟德爾

就學時期

> 你這個死孩子，我要打死你

一邊讀書，還需要一邊照顧家裡種的果樹。但是他非常不喜歡這些工作，因此在家生病了一年無法出門。

孟德爾

轉戾點

> 感謝院長，我會好好讀書的。

經由教授的推薦，進入免費吃住又可以讀書的聖湯瑪斯修道院，成為修士，也遇到大恩人，納卜院長。

孟德爾

收穫

> 我什麼都不會，不要再逼我了。

因為無法適應傳教生活，所以被院長派去中學教書。後來考取教師資格時，在筆試和口試時被狠狠修理，只能失敗逃回，並且又大病了一年。

達爾文

就學時期

> 人生就是要多方嘗試，才會找到自己真正喜歡的興趣。

16 歲時就被爸爸送去讀醫學系，準備繼承家業。但是成績不好，最後轉到劍橋大學讀神學，開始認識許多博物學家。

達爾文

轉戾點

> 男子漢就是有雄心壯志，我要成為大海王。

透過老師韓斯洛的介紹，搭上小獵犬號，朝向大海前進，展開 5 年的科學探險旅程。

達爾文

收穫

> 嘿嘿，我的小寶貝，以後就靠著你們吃穿了。

在航行時收集到許多珍貴標本，有的送回英國，有的直接跟著他返航。這些標本都交給專家研究，成為演化理論的重要基礎。

孟德爾

深造期

從今天起，什麼考試我都不怕，我要成為超級學霸。

由於考試失敗，院長特地送他到維也納大學讀書，希望能夠重新學習科學。這也讓他有機會接觸到正統的物理學、數學以及生物學

達爾文

研究期

嗯，這些東西好像要跟我說些什麼？

達爾文結束了小獵犬號的旅行後，就開始整理先前累積的紀錄與數據，不再出門探險。

孟德爾

理論發展期

前輩們都太粗心了，詳細的實驗紀錄和環境控制才是研究的王道。

雖然第二次教師考試也失敗，不過他專心在豌豆雜交實驗上，希望能找出前輩科學家所沒發覺的祕密。

達爾文

理論發展期

什麼，竟然有個小夥子跟我有一樣的想法。

達爾文剛開始沒有立即發表自己的演化理論，直到收到華萊士的論文，才發現竟然有人和自己有著一樣的想法，才趕緊發表。

兩人的交集

> 達爾文的理論真不錯，不知道他有沒有看我寄給他的論文？

孟德爾非常欣賞達爾文的著作，他手邊的德文版著作，都是手寫的註記。甚至在自己的論文出版後，也寄了一份給達爾文。

達爾文

兩人的交集

> 該不會又是華萊士寄信來了，裝作沒收到

雖然孟德爾細讀了每本達爾文的著作，也有寄論文給他。但是達爾文從來就不曾認識孟德爾或是讀過他的著作。

孟德爾

理論對當時的影響

> 這是我第 40 封信了，希望有人可以回信

孟德爾的遺傳理論受到科學界忽視，也沒有人注意到他的演說和論文。直到去世後 16 年，才有三位科學家同時發現一樣的理論。

達爾文

理論對當時的影響

> 他們才跟猩猩一樣幼稚，可惡。

達爾文的理論在當時引起非常大的爭論，支持與不支持的兩方，常常互相打筆戰或是辯論，連教廷都加入攻擊達爾文的行列。達爾文還被嘲笑是猩猩演化來的。

孟德爾及其
同時代的人

查爾斯‧萊爾
Charles Lyell
1797 年 11 月 14 日－ 1875 年 2 月 22 日

　　英國地質學家。萊爾出生於蘇格蘭，萊爾的父親也叫做查爾斯，是略有名氣的植物學家，他也是第一個讓小查爾斯接觸到自然博物學的人。萊爾就讀於牛津大學，曾經跟隨知名地質學家巴克蘭（William Buckland）鑽研地質學，深受吸引。畢業後曾經短暫擔任過律師，之後便轉行，成為一個專職的地質學家。他受到蘇格蘭地質學家赫頓（James Hutton）的啟發，發展出著名的地質學理論「均變論」，寫出了巨著《地質學原理》3 冊，這個作品大大改變了達爾文的人生，對於達爾文的演化論有深刻的啟發。萊爾更是達爾文一輩子的良師益友，他鼓勵達爾文盡快發表自己的理論，也在華萊士事件中跟胡克一起幫達爾文解決了論文優先權的問題。萊爾對於達爾文的演化論一開始並不認同，他本身是反對演化論，在其著作《地質學原理》第二冊中，主要抨擊的對象就是當時的演化論代表拉馬克。不過，最終萊爾還是接受了達爾文的演化論，承認自己的看法是錯了。但他極具啟發性的地質學理論，一直到現在都還在地質學中占有重要的一席之地。

查爾斯・達爾文
Charles Darwin
1809 年 2 月 12 日～ 1882 年 4 月 19 日

　　英國博物學家與生物學家，在 1859 年出版《物種起源》，說明所有生物物種是由少數共同祖先，經過長時間的自然選擇過程後演化而成，這樣的過程稱為「天擇」。並且這樣的學說也成為日後「演化」這門科學的基礎。達爾文出生於醫生與學者世家，家族非常優渥。從小就被父親寄予厚望，希望能繼承家業、成為醫生。起先達爾文被送入愛丁堡大學就讀醫學，不過他對於當個醫生沒有興趣，反而對大自然充滿了好奇心，時間都花在採集標本上，導致學業荒廢。最後被父親送到劍橋大學修習神學，期間遇到植物學韓斯洛教授，教授教導他許多生物學的知識，並且介紹他踏上小獵犬號的航行之旅，就此改變達爾文的一生。達爾文在參與小獵犬號的五年航行期間，對所見生物與化石的地理分布感到困惑，於是開始研究物種轉變，並且在 1838 年得出天擇理論，其理論認為每個物種中的個體都有天生的差異，但是在自然環境與生存競爭下，只有最具優勢的個體，才有辦法生存下來。之後華萊士寄給他一篇含有相似理論的論文，促使達爾文決定與他共同發表這項理論。雖然達爾文的天擇理論成為演化學說的基礎，但是他始終無法找出造成生物物種個體差異的因素，然而孟德爾所發現的遺傳現象卻剛好可以補足達爾文學說的不足，可惜兩人始終無緣見上一面，達爾文也沒有翻閱過孟德爾的論文。

卡爾・內格里
Carl Nageli
1817 年 3 月 27 日～ 1891 年 5 月 10 日

　　瑞士植物學家，主要研究植物細胞分裂與授粉過程，是孟

德爾最尊崇的植物學家，兩人雖然有交流，但卻不認同孟德爾的遺傳理論。內格里起先在蘇黎世大學學習醫學，後來則到日內瓦大學跟著德堪多教授學習植物學，有趣的是德堪多教授曾經是拉馬克的助手，德堪多所提出的「自然戰爭」理論也影響後來的達爾文。不過後來內格里並未投入類似的研究，反而跟著細胞學說建立者許來登，透過顯微鏡研究植物。內格里比較令人熟知的是他和孟德爾之間對於遺傳概念的討論，孟德爾將豌豆實驗論文寄給內格里參考，希望能獲得回應。不過內格里其實並不認同他的實驗理論，給了他一些無用的建議，甚至還寄了難操作的實驗材料，讓孟德爾差點失去信心。內格里除了反對孟德爾的遺傳理論，也不贊同達爾文的天擇理論，內格里認為生物演化的方式不會受到外界環境影響，而是生物本身會依照個體內在的力量，朝著一定的方向演化。

赫柏特・史賓賽
Herbert Spencer
1820 年 4 月 27 日 – 1903 年 12 月 8 日

　　英國哲學家、社會學家。史賓賽出身於一個教育世家。曾經擔任過鐵路的土木工程師，因為這個工作的經驗，讓他開始注意到勞工權益與政府職責，因而投入撰寫有關社會與政治方面的文章。著作涵蓋了教育、科學、人口爆炸等哲學和社會學的課題。他曾經任職於著名政經雜誌〈經濟學人〉長達 5 年。透過赫胥黎的引介，他加入了當時菁英知識分子的聚會，認識了包括達爾文在內的重要思想家。1864 年，他在自己的著作《生物原理》（Principles of Biology）提出「適者生存」一詞，將達爾文的進化論中提出的自然選擇概念，拿來討論人類社會，打造出一套「社會進步哲學」，後來被稱為「社會達爾文主義」，史賓賽則被稱為「社會達爾文主義之父」。不過，「社會達爾

文主義」後來受到種族主義、優生學等的扭曲與誤用，成為迫
害其他種族的理論基礎。

湯瑪斯・亨利・赫胥黎
Thomas Henry Huxley
1825 年 5 月 4 日 — 1895 年 6 月 29 日

　　是英國的生物學家，也是達爾文演化論的第一號捍衛者，
人稱「達爾文的鬥牛犬」（Darwin's Bulldog）。出生於倫敦西
部的一個小康家庭，年輕時曾經受過醫學訓練，他跟達爾文一
樣，也有一趟自己的奇幻旅程，那是在 1846 ～ 1850 年間，搭
上響尾蛇號隨著英國海軍到澳洲去考察，擔任隨船外科醫生。
在漫長的航行途中，他研究了海洋無脊椎動物（像是水母），
進行詳細分析，並寫成論文寄回倫敦發表，因而一回到英國就
被選為皇家學會會員，最後更占有重要的一席之地。特別是在
脊椎動物解剖學、胚胎學以及古生物的領域非常活躍。儘管他
並不那麼信服達爾文的天擇理論，更曾自嘲的說自己只是把他
的理論當成假說。但赫胥黎儘管如此，兩人還是在某些看法
上擁有共識，因此他投演化論一票，並且願意為它砲火猛烈的
戰鬥。最有名的事蹟是「牛津會議」上與主教的那段對話。
他的名言是：「Try to learn something about everything and
everything about something.」赫胥黎家族一直到近代都是英
國學術界的重要代表，後代才人輩出，孫子安德魯・赫胥黎爵
士是生理學家，也是諾貝爾獎得主。

孟德爾小事紀

西元／年	事蹟
1822	出生於奧地利。
1828	進入小學就讀。
1833	進入中學就讀。
1834	進入高中。
1838	父親受傷，休學在家。
1840	進入帕拉茨基哲學學院就讀。
1843	取得哲學學院學位，並進入聖湯瑪斯修道院。
1849	擔任中學代課老師。
1850	參加第一次教師證考試，但未通過。
1851	進入維也納大學就讀。
1856	參加第二次教師證考試，但未通過。
1856	開始豌豆的雜交實驗。
1862	參訪英國倫敦世界博覽會，加入奧地利氣象學會。
1865	發表《植物雜交的試驗》。
1866	進行山柳菊實驗。
1868	擔任聖湯瑪斯修道院院長。
1871	成立布諾恩養蜂協會。
1877	抗議政府不合理的強徵稅款。
1884	去世。

相關主要著作
1865 年：《植物雜交的試驗》（Experiments in Plant Hybridization）

一本好書，把孩子重新帶回課堂

——以超科少年2-生物怪才達爾文為例

戴焮霞／臺南市復興國中生物老師
臺南市師鐸獎、教育部閱讀推手、親子天下閱讀典範教師

「老師，對不起，我有密集恐懼症，看到很多字，我就…」坐在講桌旁「特別座」的小柏語帶歉意，試圖解釋他為何無法在評量時好好答題，以及他的課本為何總是和剛領取時一樣，潔白如新。

然而，同一個孩子，卻自動而快速的讀完了超科少年2-生物怪才達爾文，那是配合七年級自然課的演化單元，我從學校圖書館借來，發給班上每個孩子一本的班級共讀書！

科學知識的產出都有其背景，在課程中，常為了知識的堆棧，選擇簡捷卻失去吸引力的學習途徑，淬鍊了精華卻失去了發現過程的脈絡和情境，忽略了科學家在重大經典的發現背後，是一段段為了解釋疑惑、解決問題而進行的探究歷程，而只有藉由讓孩子們走入情境之中，才有機會一窺科學之趣，體驗科學本質之美，並了解知識的價值與意義。

學校課堂的時間有限，任課老師們又有教學進度的壓力，因此「選書」是閱讀融入教學很重要的關鍵。挑選一本趣味且兼具學習深度，又能延伸課程學習的好書，才能讓閱讀和教學相輔相成。老師們可以善用學校的晨讀時間，培養孩子們「喜閱」的興趣和習慣，也建議在進行科普閱讀時，由閱讀老師和自然老師進行協同教學，先由閱讀老師以預測、提問、摘要、圖像等閱讀策略帶領學生認識科學家的生平、成就和影響，再由自然老師由科學學習的角度切入，讓學生能覺察並運用書中讀到的科學內容，透過老師的提問與學習鷹架，與課程中的理論相互對照與應證，讓學生達到有效的學習。

學校裡像小柏一樣的孩子不少，他們不是恐懼文字，也沒有閱讀障礙，更沒有排斥學習，他們只是需要更有趣、有創意和故事性的橋梁書，陪伴他們邁向課本這類知識性結構的文本。當小柏熱切的分享書本中達爾文在加拉巴哥群島發現的陸龜、鬣蜥、雀鳥等奇妙的生物，是如何支持課程中的演化理論時，他已經跨越了學習模式的屏障，藉由閱讀好書，孩子能重新找到回到課堂的學習之路。

戴老師的達爾文相關教案分享連結
榮獲105年圖書資訊利用教育教案閱讀融入教學主題 國中組第一名

給家長的話

讓孩子的想像力，帶著科學知識一同飛翔

　　孩子天生是屬於大自然的，曾經，花草蟲鳥、石頭流水、彩虹微風、日升月落，在他們眼裡都既神奇又美妙，總是有著滿滿的好奇和無盡的讚嘆，然而，短短數年，那一個常發問、愛探索，長大想要成為科學家的孩子…哪裡去了？

　　從兒童過渡到少年，孩子的閱讀能力和閱讀口味開始有了差異性的發展，而家長想為孩子添購課外書籍的心意，也隨著孩子年紀的增長漸趨於保守，因為抓不準孩子的閱讀喜好，因為想要推薦給孩子讀的，與他們自己想讀的有了落差，又或者因為在這個既保有童心，又開始試圖要探求這個世界的年紀，在太天真的童書和有點嚴肅的成人書之間，提供少年閱讀的科學書籍，選擇性仍然不夠豐富多元。

　　另一個不容忽視的原因，家長們想必也曾經嚐過，那是在長期升學主義下，為了考試而學習的滋味。課堂上，教公式不教發現過程；教定律不教為何學習；講答案不講故事、講正確不講價值、講解題不講影響、講分析技巧不講使命與熱忱。得分的代價是失去了追求知識的根本價值與意義，興趣自然降低了。

　　如何讓孩子天馬行空的想像力，帶著科學知識一同飛翔呢？或許家長的任務不是去規範和限制，而是激發和鼓勵。一般來說，書本題材內容的呈現方式若能圖文並茂、輕鬆有趣，書中的主角和孩子的年紀相仿，主角面對挑戰時，展現出機智和勇敢等，都更能吸引孩子進入情境，而這也是這套超科少年系列總是會吸引孩子一本接著一本的，主動閱讀的原因，書本先以「漫畫科學家」精彩的穿越故事吸引孩子閱讀，再進入「讚讚劇場」和「祕辛報報」的文字國度，深化理解時代背景與科學家努力追求突破的精神，在享受閱讀樂趣的同時，進一步成為孩子學習的典範。

　　以閱讀點燃孩子的科學火花，涵養思考判斷、明辨是非和解決問題的能力，並內化為在生活中實踐的科學素養，在超科少年的陪伴下，讓孩子們對自然科學的喜愛能持續燃燒，一如當初。

圖照來源

Chapter 1 閃問記者會

P7　孟德爾／Hugo Iltis 提供

Chapter 2 讚讚劇場

P14　拿破崙／L'Histoire par l'image 提供

P15　老家／Palickap 提供
　　　果園／Palickap 提供

P16　嫁接左／Giancarlodessi 提供
　　　嫁接右／Karelj 提供

P17　中學／Rudolf Bruner-Dvo ák 提供

P18　維特／Den 提供

P19　大學／Darwinek 提供

P21　修士／James Baldwin 提供

P20　法蘭茲／Bed ich 提供

P22　驅魔／Goya 提供
　　　修道院／Misa.jar 提供

P23　納卜／Karel Maixner 提供
　　　小羊皮／Michal Ma as 提供
　　　書／British Library Online Gallery 提供

P24　溫室／peganum 提供

P26　維也納／Rudolf von Alt 提供

P27　考官／Andreas 提供

P28　克納／Rudolf 提供

P31　都卜勒／Kelson 提供
　　　艾丁／Wellcome Images 提供

P32　恩格／Eduard Kaiser 提供

P33　細胞／Robert Hooke 提供

P34　修道院溫室／Misa.jar 提供

P35　臺灣欒樹／Forest & Kim Starr 提供

P36　玉米左／John Doebley 提供
　　　玉米右／Asbestos 提供

P37　豌豆／Carl Lewis 提供

P38　豌豆左／Kilom691 提供
　　　豌豆右／Doug Beckers 提供

P39　特徵／Mariana Ruiz 提供

P43　表／Madprime 提供

P45　林奈學會／Tony Hisgett 提供

P46　花／Squididdily 提供

P47　山柳菊左／Barbara Studer 提供
　　　山柳菊右／H. Zell 提供

P48　雄蜂／Waugsberg 提供
　　　雌蜂／Jessica Lawrence 提供

P49　修士同伴／Iltis, Hugo 提供

Chapter 3 祕辛報報

P53　細胞 DNA／PhiLiP 提供
　　　細胞分裂／Mysid 提供

P54　果蠅染色體／Twaanders17 提供
　　　果蠅／Mr.checker 提供
　　　培養瓶／cudmore 提供

P55　DNA／Forluvoft 提供
　　　X 光照片／Ryan Somma 提供

P58　豌豆兩張／Forest & Kim Starr 提供
　　　內格里／Karl 提供

P59　孟德爾／Hugo Iltis 提供
　　　內格里／Karl 提供
　　　博物館 5 張／Dominik Matus 提供

本書參考書目

何耀坤〈遺傳學之父孟德爾（Mendel）—解説其豌豆實驗論文，並探討其特徵和發展—〉. 科學教育月刊 .2002 年 6 月 第 250 期：p38-48

羅蘋・瑪藍慈・漢妮格《花園中的僧侶：基因之父孟德爾的故事》. 正中書局 .2003.ISBN 9570915560

王道還〈孟德爾宣讀豌豆實驗結果〉. 科學發展 .2003 年 3 月 第 363 期：p81-83

愛德華・艾德生《孟德爾》. 世潮 .2004.ISBN 9577765939

張文亮《生命科學大師——遺傳學之父孟德爾的故事》. 校園書房 .2008.ISBN 9789861980836

楊倍昌〈由生物實驗的設計來發現孟德爾定律的發現〉. 科技、醫療與社會 .2010 年 第 10 期：p193-222。

鄭 幸 昇〈EXPERIMENTS ON PLANT HYBRIDIZATION 孟德爾植物雜交實驗 中文版〉.2016

我們的主角
格雷哥·約翰·孟德爾，
最出名的應該就是豌豆實驗。

不過小時候在家常躺在床上，
也休學了好一陣子，
也許身體真的不太好吧。

約翰家裡有兩個姐姐，
不過還有另外兩個妹妹，
但出生不久後就死了。

也許是當年營養與
健康環境不如現在吧，
另外附上兩個妹妹的
本人畫像。

聽說孟德爾在開始
用豌豆做實驗前，
曾經把老鼠拿來交配
生的後代做觀察。

白老鼠跟黑老鼠交配
會生出什麼樣的老鼠呢？

給我放回去！

不過很快就被阻止了，
畢竟以一個修道院的
修士做這種實驗很不妥。

除了菜園、蜜蜂等，
還做了許多觀察紀錄，
不過聽說去世前，
孟德爾也並沒有出名。

一直到20世紀初的
一場學界爭議才把
他的東西再度提出，
才有現在的地位，
想想有點難過。

現在修道院的一部分
變成民宿，
好想去住看看。

怎麼愁眉苦臉的？

嗯，是啊。

後來想說要再去新果園採水果。

沒想到還是被他回絕了。

嗯，這也是沒辦法的事。

後來也無力再顧及自己的實驗，不久就過世了。

什麼…

當時孟德爾忙著處理院長的行政事務，

政府的新稅收政策對修道院很不利，他為了抗議稅收，花了很多心力和政府對抗。

不過要過了幾十年，有人才重新發現他的研究成果。

才奠定他在遺傳學的貢獻。

竟然過了這麼久？

全部都完成了。

第一題：觀察孟德爾如何覺醒
第二題：孟德爾為什麼成為神父不成為教師？
第三題：孟德爾的主要研究物為何選擇豌豆？
第四題：孟德爾如何利用研究回饋社會？

登登——

沒問題，下次再來比賽喔。

好！

孟德爾，等果園處理好後，再來比賽接枝吧。

太好了！

現代 學校

恭喜你們都完成作業了。

不過擴建蜂房後，果樹的數量忘了進一步擴大。

可能就是這樣，所以蜜蜂數量才沒有變多。

沒錯，蜂群為了生存，所以都會在果園附近採蜜。

以前的果樹數量剛好可以讓先前蜂群採上足夠的花蜜。

對了，這樣問題不就解決了嗎？

如果也可以買下種果樹的話…

斯

除了蜂房附近，修道院後山還有一片空地，

蜂群需要果園採蜜，附近的居民也需要工作。

當時在孟德爾家的果園，小颯還被幾隻蜜蜂追，現在遭報應了吧。

你還記得真清楚呢。

還不是你說要採水果。

你也有吃啊

對啊，我竟然沒想到。

原來是這麼基本的事啊。

你們知道為什麼果園會有蜂群嗎？

咦？

為了採蜜？

蓋了養蜂房後，除了繁殖與採收蜂蜜，我也開始研究各種蜜蜂。

而附近居民很多都收入不多，所以多生產的蜂蜜就分送給大家。

不過後來發現蜂蜜數量沒有想像中多，

加上蜜蜂怕冷，我也還在研究如何幫蜜蜂保暖。

就這樣蜂蜜的產量到一個瓶頸，

可能還有什麼地方沒做好吧。

總之這次很抱歉了。

這樣啊。

沒蜂蜜吃了！

……